U0313983

国家海洋局极地考察办公室政策研究课题资助
国家自然科学基金项目（41240037）资助

科学家与全球治理
基于北极事务案例的分析

Science Community and Global Governance: a Case Analysis on the Arctic Affairs

杨 剑等·著

时事出版社
北京

目　录

第一章

导　论

第一节　全球性问题与科学家群体的崛起

当科学技术席卷着工业化出现在世人面前时，科学家作为一个具有现代意义的社会群体便横空出世了。当第二次世界大战在原子弹的爆炸声中结束时，当美苏战略武器竞争愈演愈烈时，那些肩负社会正义感的科学家们也走出了实验室，向世人宣告他们不仅为世界提供科学知识，还承担着与众不同的社会责任。1958 年 9 月 19 日由全球 70 多位著名科学家签名的《维也纳宣言》①，明确表达了科学界对科学目的和世界和平的看法：

　　"我们认为，世界各国的科学家都有责任，通过让民众广泛理解由自然科学之史无前例的增长所带来的危险和提供的潜能，而在民众教育方面做出贡献。我们呼吁各地的同行，为启发成年群体或者教育正在到

---

　　①　第三次帕格沃什大会《维也纳宣言》第七部分，1958 年 9 月 19 日通过。刘华杰根据伦敦帕格沃什办公室档案资料翻译。

来的后代而不懈努力。教育应当强调改进人与人之间的各种关系，并且在教育中应当消除任何形式的对战争和暴力的夸耀。

科学家，因为具有专门的知识，更有条件提前获悉科学发现带来的危险和潜能。因此，他们对于我们时代最紧迫的问题，具有专门的本领，也肩负特别的责任。……科学的真正目的是增进人类的知识，以及为了全人类的福祉，提高人类驾驭自然的能力。

从 21 世纪开始，国际治理出现了新的趋势——在气候、能源、极地领域的国际治理日趋领域化和专业化，治理的过程对科学家以及科学家团体更加依赖。在现代国际治理中我们能够感受到科学家群体的存在和作用。如在许多国际会议上，许多国家的代表团中都有科学家的身影，许多国际组织也都延揽全球优秀的科学家组成专家组，对专业的问题提出治理的方案。正如英国学者苏珊·斯特兰奇描述的那样："在许多国际组织中，国家代表的位置是由政府官员所占据，但通常在这位置背后，国家代表团席位中会坐着一位'技术顾问'——一个扮演着幕后推手的灰色主教（eminence grise）。它们对国际规则和国际组织的知识贡献，降低了私利在国与国之间的谈判中所起的作用。"①

我们从全球环境政治中发现的另一个现象是，科学家从现象发现开始，提出证据，形成动员能力，最终影响国际事务议程设定。创立于 1988 年的联合国政府间气候变化专门委员会（IPCC），为应对气候变化的全球治理发挥了极大的作用。该组织尽可能搜集有关气候变化的科学资料和数据，建立起地球系统各区域的关联，推论

---

① ［英］苏珊·斯特兰奇著，肖宏宇等译：《权力流散：世界经济中的国家与非国家权威》，北京大学出版社，2005 年 10 月第 1 版，第 93 页。

出气候变化的过程和结果以及未来可能发生的巨大灾难。在2007年的第四份评估报告中，该专门委员会的科学家们表示，气候系统的变暖趋势是确实的。报告说，有95%的概率可以认定，气候变暖现象的肇因是人类活动所排放的温室气体，包括工业生产、交通运输、土地利用所消耗的化石燃料。在本世纪结束前，全球温度将上升1.1度—2.0度，海平面将上升18厘米—38厘米。如果人类的生产方式和生活方式不加改变的话，情况将更加严重，全球平均温度到2100年上升幅度将超过6度，海平面也将上升26厘米—59厘米。① 报告确信，北极的永冻层地带将快速融化。两极地区生态系统改变以及冰河融化给全球动植物的生态环境造成严重影响。海平面的上升必然造成沿海城市被淹没，人口大规模迁徙，贫困人口和争夺资源的冲突会因此增加。科学家的预测经过媒体的传播在国际上形成了巨大的动员能力，对国际组织和国家政府以及企业施加了巨大的压力，从而使得国际政治的议程朝着有利于应对气候变化的方向发展。

国际事务领域化和专业化的趋势，也使得能源、环境、气候、生态这些领域的治理更加依靠专家。网络型的区域治理和全球治理，给科学家组织的平等参与提供了机会。现代网络技术创造的虚拟平台有助于科学家网络社区的形成，也有利于科学家与国际政治的其他行为体形成复杂的、广泛的、有一定社会目的和动员能力的混合组织。气候变迁网络（climate change network）② 是由300多个来自不同国家和地区的非政府组织组成的团体网络，其中包括绿色和平组织、世界自然基金会、地球之友等。该网络宣称它在全球拥有2000万个会员，这些会员其中有不少是科学家。这些科学家成为气候变迁网络的坚强后盾，使它有资格为关心环

① https://www.ipcc.ch/publications_ and_ data/ar4/wg1/zh/spmsspm-6.html
② http://www.climatenetwork.org/

境的民众发言。气候变迁网络设立了三大社会目标：[①] 首先是向国家政府施压，比如说促进各国政府建立 2007 年巴厘岛高峰会所同意建立的更严格的目标，以及制定应对气候变化的国际协定；其次是促进以绿色技术为核心的可持续发展，主要是协助发展中国家采用再生科技实现发展。第三是提高适应力，协助那些环境脆弱的国家针对气候变化造成的不可避免的结果进行预测和准备。这个网络社区不仅是压力集团，同时也是科学信息的传播者，让决策者和民众了解和掌握更多的科学信息，让民主政治包含了更多的科学成分。

政府和非政府组织在参与国际事务中如此重视科学家的作用，除了因为全球性挑战本身对科学技术的需求外，科学家群体的特质也是其中的重要原因。科学家群体在世人心目中是具有专业知识的客观真理的寻求者，其主张往往能反映人类共同的利益，超越利益团体，甚至超越国家利益的束缚，其威望及可信度高于政治人物。

科学家对治理的贡献应该主要表现在知识的提供上，但知识如何在治理中形成影响力和政治的权力呢？这就是本书通过北极治理的分析想要揭示的内在规律和联系。本书作者在先前的对北极治理研究中发现，科学家的观察、分析和结论对于北极国际间事务的影响十分显著。[②] 北极治理制度正在逐渐形成之中，中国参与北极治理的深度和广度也在发展之中，因此研究和分析科学家在北极治理中的作用应当是有现实意义的。

---

① 安东尼·纪登斯著，黄煜文等译：《气候变迁政治学》，台湾：商州出版，2011 年版，第 161 页。

② 杨剑等著：《北极治理新论》，时事出版社，2014 年 11 月版。

第二节　问题的提出：北极治理与
科学家的作用

气候变化，一方面加剧了北极的环境恶化，另一方面却促进了经济机会上升。北极地缘政治因此进入一个新的活跃期。人们看到，随着各国在北极的活动增加，北极治理已成为国际社会的一个重要议程。北极区域政治和治理结构处于快速变化之中，各方围绕着北极资源的利益分配以及治理的责任、义务分担展开了激烈的政治博弈。北极治理的主要矛盾可以概括为，资源开发与自然生态保护之间的矛盾，北极地区国家利益与人类共同利益之间的矛盾，以及人类活动增加与治理机制相对滞后之间的矛盾。解决好这三大矛盾则是北极治理的核心议题。

北极环境和生态的保护不仅是北极区域的问题，同时也是全球性的问题。北极冰盖的融化会导致海平面的上升，北极苔原冻土的变化会影响温室气体的排放，进而影响全球气候系统。北极治理机制必须对此做出有效反应。如果北极经济开发不可避免，那么围绕着北极脆弱环境下的开发技术、管理制度和基础设施都必须满足北极治理的要求。针对日益增长的北极经济活动，如油气开发、矿藏开采、船舶运输、北冰洋捕鱼等经济活动，要建立强有力的监管制度，建立起基于生态系统的空间规划和管理系统。

北极的气候、环境和生态是全球系统中的一个组成部分，这决定了北极治理一定是一个多层级的治理结构。一些北极问题专家认为，面对多层级的北极治理现状，建立共识并确立原则十分重要。他们列举了六项指导北极治理的行动原则：（1）明确各方利益、权益和责任的原则；（2）多层级、多行为体协同治理的原则；（3）

根据形势发展和需求形成规制以强化约束的原则；（4）保证最可靠知识可获取原则，强调传统知识和科学知识的结合，强调治理结果的可核查；（5）治理的整体性和系统化原则，鼓励系统思考和整体规划，重视基于生态的管理、空间规划以及后果的综合评估；（6）应对变化的适应力和因地制宜的灵活反应原则。①

一个有效的治理机制应当能应对自然和社会的快速变化。首先，应当建立起一种能促进区域总体发展并减少负面外部性的、多层级的、高度整合的、具有支配性的政治安排和法律机制。这样一个治理机制首先能够对与社会系统相关的各种自然的和社会的要素信息进行及时收集和评估；其次，能够积累足够的可运用的社会资源，并通过机制中的内部权力关系和利益关系进行资源配置，对充分信息所反映的问题进行及时的、有针对性的、强制性的治理。前者需要科学家提供足够并可靠的知识和信息，后者需要科学家在治理议程设定上给予帮助。

本书作者把研究集中于回答以下几个问题上。

问题一：与其他领域治理相比，极地治理对科学家的政策主张的依赖度会不会更大？

我们提出的第一个问题是，与科学家群体在其他国际治理领域中的作用相比，极地治理对科学家的政策主张的依赖度会不会更大？一个基本情况是，北极不同于其他地区，有两类人特别有发言权：一类是生活在北极圈内的居民，尤其是具有特别文化含义的原住民人群；另一类是深入北极地区进行科学考察的科学家。只有以上两类人拥有北极生活经历。科学家拥有科学的说服力，因此他们在一些治理议程上拥有特殊的发言权。实际情况如何，需要进一步的了解。我们的研究还需要考察科学家群体对治理的主张、政策产

---

① the Arctic Governance Project, *Arctic Governance in an Era of Transformative Change: Critical Questions*, *Governance Principles*, Ways Forward, 14 April 2010, p. 12.

生影响的方式和路径。

问题二：科学家自身以及治理机制的决策者是如何看待科学家在北极治理中的作用的？

国际治理机制的决策系统并不是科学家本职专业领域。不同的人对科学家在决策中的作用理解不同，而且科学家在每一个案例中的作用也不尽相同。有研究认为，科学和有关专业知识的进步降低了制度变迁的成本。知识存量的增加扩展了制度创新可供选择的范围。① 更重要的是，在一个社会中占统治地位的知识体系一旦产生，它就会激发和加速该社会政治经济制度的重新安排。因此鼓励科学研究以及对外交流学习，加强知识存量的积累，就能增加制度的供给能力，促进制度变迁。也有研究认为，科学家的作用并不是决定风险和治理的社会成本，或者越俎代庖地决定应当做什么样的治理选择和决策。科学家必须做的事是根据科学发现、科学事实及其发展演变的规律列出各种可能的选项、制约和可能性。科学家没有必要参与在可能性上进行选择，只要说明有什么样的可能性就好了。② 上述两种观点差距很大，我们有必要进行调查研究，甚至对决策者和科学家群体本身进行问卷调查和深度访谈，就北极治理过程中科学家与决策者的关系展开调查。分析主要相关者对科学家参与北极治理的态度和方式，就是否应当参与以及如何参与的问题进行研究。

问题三：在北极治理过程中，科学家群体不可能单独发挥作用，那么科学家群体与其他治理行为体的互动过程是什么样的状况？

"治理"是一个群体行为，通过规范成员间关系以及成员与外

---

① 黄新华：《新政治经济学》，上海人民出版社，2008年版，第188页。

② Roger Pielke, Jr., *Climate politics. The Climate Fix：What Scientists and Politicians Won't Tell You About Global Warming*, New York：Basic Books, 2010, p. 213.

部世界关系的原则、制度和惯例实现一个确认的目标。这些原则、制度和惯例决定着在治理目标之下，如何对资源进行共享和管理并指导社会关系。① 在北极区域治理中，因为其职业的特点，科学家可以充分发挥自己的独特作用。但除了少数科学家组织和科学家个人能直接进入核心决策层外，大多数科学家群体是通过与其他的行为体，如国家政府、国际组织、媒体、企业以及原住民组织和环保类非政府组织，进行有益的互动，形成治理的合力，共同努力达成北极治理的效果。这个互动的过程和规律是本书作者要追寻的答案。

问题四：涉北极各主要科学家团体（组织）的宗旨、任务、组织结构，以及参与治理的方式和成效的共性和个性是什么？

涉北极的主要科学团体有很多，分布于各种学科领域，有些与政策相关度很高，有些则更偏重于科学本身。如果中国的科学家团体参与北极事务，参与北极治理，就必须从每一个具体的科学家组织开始。研究这些组织的宗旨、任务、组织结构、参与治理的方式，以及对科学家的素质要求等，有助于我们有的放矢地培养具有参与国际治理能力的科学家。这批科学家队伍的形成并投身到国际治理的团队中，可以为人类的可持续发展，为控制气候变化，为环境生态保护，也为中国在北极的利益做出自己的贡献。这需要我们对主要的科学家团体进行逐一分析和研究。

问题五：以科技为先导是否是我国参与北极治理的重要路径？如果是，我国如何在体制保障上，在人才培养上，在资源投放上提升我国参与极地国际治理的能力和水平？

随着中国日益成为国际体系的参与者、维护者和建设者，中国

---

① Gail Fondahl & Stephanie Irlbacher-Fox, "*Indigenous Governance in the Arctic*," A Report for the Arctic Governance Project, November 2009. http://www.arcticgovernance.org/indigenous-governance-in-the-arctic. 4667323 – 142902. html.

将以渐进式的方式全方位地参与北极事务。中国科学家通过国际合作逐渐成为极地科学的重要力量。中国科学家在知识和能力积累的同时，积极参与到国际极地科学项目中，通过极地科学团体影响国际极地事务的议程设置和决策过程，提升中国在国际北极治理过程中的知识和规制双重影响。我们应当在辨识科学团体改变利益和规范认知的内在逻辑的基础上，寻找中国学者在各个科学团体领域内的潜在优势，通过制度保障，人才培养和资源的有目的投放，来增加中国科学家参与北极治理的力度。

第三节　相关概念的阐释

本书在讨论科学家与全球治理关系这个问题时会反复使用以下概念，作者对这些概念的阐释有利于读者更好地辨析和理解科学家与全球治理之间的关系。

一、治理

中国自古以来就有"治"的理论。这些理论其基本指向是基于当时生产力发展水平和生产关系的社会秩序，以及维护这种秩序的相应制度和措施。现代意义上的治理概念，体现的是一种社会功能和集体行动，其目标是促使人类行为朝着对社会有益的方向发展，同时避免危害性结果。治理的社会功能和内容包括生产和提供公共产品，将外部性成本内化，避免"公地的悲剧"，避免危害公共利益和未来人类的利益。

与中国古代的"治"的理论相比，现代治理更加重视不断优化的过程，体现的是各种资源投放和权力运用的协调行动。现代治理包括四个基本特征：其一，治理不是一整套规则，也不是一种活动，而是一个过程；其二，治理过程的基础不是控制，而是协调；其三，治理既涉及公共部门，也包括私人部门；其四，治理不是一种正式制度，而是持续的互动。① 蔡拓教授对全球治理的定义做了一个概括，所谓全球治理，就是以人类整体论和共同利益论为价值导向的，多元行为体平等对话、协商合作，共同应对全球变革和全球问题的一种新的管理人类公共事务的规则、机制、方法和活动。② 全球治理所反映的社会管理的趋势性变化包括：其一，从政府转向非政府；其二，从国家转向社会；其三，从领土政治转向非领土政治；其四，从强制性、等级制管理转向平等性、协商性、自愿性和网络化管理；其五，全球治理是要建立一种特殊的政治权威。

治理必须解决多层级治理机制的协调性和一致性的问题，必须解决多种行为体在治理过程中良性互动的问题。前者需要将处于不同层面（国际层面、超国家层面、民族国家层面、区域层面）的机制之间的权益结构、政策导向和治理能力不断优化；后者需要将国家行为体、市场力量和公民社会组织的各种资源调动起来，使之相互作用以促使某一领域的行为和结果朝着对社会总体持续有益的方向发展。

治理的结构和国家统治结构有很大的不同。国家政府部门的行政管理是自上而下的执行方式，而治理强调的是伙伴式的，基于共同意愿和目标的，愿意作出妥协和让渡的合作方式。全球治理是多层次的，通过超国家机构、区域机构、跨国部门以及民族国家的政府相互穿插而形成的。全球治理多层级协调的含义是，从地方到全球的多层面中公共权威与私人机构之间一种逐渐演进的政治合作体系，其目的是通过制定和实施全球的或跨国的规范、原则、计划和

---

① 俞可平："治理和全球善治引论"，《马克思主义与现实》1999 年第 5 期。
② 蔡拓：《全球化与政治转型》，北京大学出版社，2007 年版，第 288 页。

政策来实现共同的目标并解决共同的问题。治理强调了非国家行为体的作用，企业和非政府组织、当地居民组织和科学家团体都成为了重要的"利益和责任攸关方"。治理的过程和形式是否民主，是否体现责任，是否有充分互动都是评估治理过程优劣的重要方面。

尽管全球治理是一种多元治理，不存在单独的权力中心，但并不意味着所有参与者的权力是平等的。全球治理体系在结构上是复杂的，它由不同的机构和网络组成，这些机构和网络在功能上相互交叉，权力来源各不相同。在全球治理中，各国政府的作用不是弱化而是得到加强。因为他们是把各类治理主体连接在一起，对国家之外的管制加以合法化的战略中枢。[①]

二、国际规制

在全球化时代，世界各国在政治、经济、文化等各方面的相互依存程度日益深化。国际规制（International Regimes）在国际事务中发挥作用的领域日益广泛，其影响国际秩序的权威性大大增强。

通常意义上的规制，针对的是一种社会秩序，指的是政府等权威机构设置专门规定以及依此规定而设立的专门机构对社会成员的某种社会行为和市场行为进行约束的过程。规制作为具体的制度安排，是社会权威机关对社会行为体，特别是经济主体（特别是企业）活动的行为进行干预和规范，其目的是矫正和改善社会机制和市场机制失灵和不适应的问题。国际规制指那些在国际层面得到尊重和遵守的原则、规范、规则和程序的集合，相关行为体能够彼此理解，并能有效协调它们的行为。按照作用范围划分，国际规制可以分为双边机制、地区性机制和全球性机制。它是在国家政府之

---

① 黄新华：《新政治经济学》，上海人民出版社，2008年版，第331页。

上，通过相关利益方的多重博弈后形成共识的国际性规制，对包括民族国家在内的所有行为体的限制和管理，使所有行为体的行为朝向"促进国际社会福利，减少全球公害"的方向发展。

在国际社会因为没有"全球政府"的存在，每个国家就像市场中的每个经济行为体一样，拥有"以最小成本最大限度扩大自身利益"的权利，政府间组织以及国际组织制定的规则扮演着平衡"国家私利"和"区域或全球公利"二者矛盾的角色。

国际规制是"在国际事务特定领域里由行为体集体愿望汇聚而成的一整套明示或蕴含的原则、规范、规则和决策程序，以及对这些规范、规则执行的过程和结果"。① 在世界政治范围中，国际规制指国际共同体或主要国家为稳定国际秩序和促进共同发展或提高交往效率等目的所建立的一系列有约束性的制度性安排或规范。② 国际治理需要提供公共物品和解决外部性问题。一国国内行为对其边境以外造成的负面"溢出"往往得不到有效的解决，如大气中碳排放、跨境污染和鸟类迁徙等。除了那些造成负面"溢出"的行为体，还有不愿意承担义务的搭便车者，也使得国际治理缺乏足够的资源支撑。在一个日益强调全球治理秩序的国际社会中，国际规制通过规范各国行为和指导各国利益分配正在部分地克服世界的无序状态。

国际规制体现在国际组织、国际法规和国际惯例的组合之中。国际组织作为有着一定目标的国际实体，具有明确的规则以及对个人和团体特定的功能安排。它们能够监督各成员方的行动并对其作出反应；国际法规则是那些具有明确原则和目的，得到成员方广泛的同意并认可的，适用于国际关系的特定领域的制度；而国际惯例

---

① Stephen Krasner, "Structural Causes and Regime Consequences: Regimes As Intervening Variables," *International Organization*, Vol. 36, 1982, p. 186.

② 王逸舟："霸权·秩序·规则"，《美国研究》1995 年第 2 期，第 57 页。

则是具有隐含规则与理解的非正式国际制度，它存在于特定的历史范畴和文化背景下，有助于塑造行为体的预期。在国际组织、国际法规和国际惯例之下，作为支撑国际规制的意识形态，国际行为的伦理价值和知识体系在建立、运行和完善国际规制的过程中发挥着重要的作用。

三、群体

群体（Community），是指以某种方式聚集在一起的同类人，个体的人相互之间千差万别，但仍可以通过不同的"缘"组成一个群体（如血缘、亲缘、神缘、地缘、业缘）[①]。人民是政治含义更加强烈的群体，常用来指有共同的历史经历、地域归属、宗教信仰和社会价值观等特殊关系，联系紧密且具有社会凝聚力的一群人。而科学家群体就是基于共同的职业——业缘形成的一个群体。传统的群体会更多地基于地缘和血缘、亲缘的联系，而现代社会交通和通讯的发展，特别是网络社会的发展，基于共同兴趣、职业和教育背景的人群虽然物理空间相距甚远，但仍然可以保持很紧密的联系和沟通，甚至可以形成共同的政治主张和影响社会的力量。

简而言之，当一群人当中有一个共同的问题或利益，为了达到同一目标而形成了一起工作的项目，这群人就可以成为一个群体。群体之所以能够形成，它是以若干人的共同的活动目标为基础的，科学家群体也是如此。正是有了共同的目标，科学家们才能彼此合作，相互促进，聚集出足以影响社会的巨大能量。

某一群体之所以能够与其他群体区隔，是因为他们具有一些与他群不同的经历、特质和彼此分享的共同价值观。每一个群体经过

---

① 林其锬：《五缘文化论》，上海书店出版社，1994年11月版。

长期的相互作用，潜移默化出独特的价值、伦理、习惯和行为规范。这些伦理和规范，也不会因为个别成员的去留而消失。在这个群体中，成员之间在行为上互相作用，互相影响，互相依存，互相制约。在心理上，彼此之间都意识到其他成员的存在，并感受集体的力量，同时也意识到自己是群体中的成员。群体尽管是许多个体的组合，但它却是一个有着网络结构的、由各种关联成分构成的整体。群体的网络包含着结构层面的连通性和行为层面的连通性。前者反映了谁和谁的连结，后者反映的是个体行为给集体和群体之外的社会带来的后果。① 每个成员都在群体中扮演一定的角色，承担起相应的责任，使群体成为特定社会的一个动力结构。

功能活动、相互作用、情感活动是群体存在的基本内容和方式。功能活动体现的是该群体在大社会中的职能和责任定位，同时体现了凝聚成员群体认同的内部功能；个体成员之间的相互配合和帮助有助于内外功能的实现，相互作用也是认同建立的必要方式；在许多群体中，结合的目的也是为了达成感情上的社会支撑，这时的群体就成为成员家庭以外的社会支撑。有些基于地缘、亲缘、血缘的群体情感强烈，而基于业缘的群体情感因素较弱，更为理性。

四、科学家群体

科学家（Scientist）本身是一个职业，这个职业的工作目的是对真实自然及未知生命、环境、现象的观察及其相关现象统一性的系统化和知识化的再现。科学家通过对自然界和人类社会发展的规律进行探索、定义和归纳，并以实践加以验证。

---

① ［美］大卫·伊斯利、乔恩·克莱因伯格著，李晓明等译，《网络、群体与市场：揭示高度互联世界的行为原理与效应机制》，清华大学出版社，2011年版，第1页。

在中国的语境下，科学家群体常常被称作科学界。科学家群体的结合，更多的是基于"业缘"，最初往往是因为共同的学术背景和学科的联系而形成的一种专业群体。另外一个促成合作的基础就是科学家所共享的价值观和精神。科学家具有什么样的精神？科学的精神包含着探索未知，发现真理，改造世界，造福人类。因此献身科学事业的人常常拥有共同的特质是：锲而不舍、无私奉献、淡泊名利。正是因为这种特有的价值观和精神，科学家群体获得了社会很高的尊重。

科学家除了专注于本身的专业外，作为社会中的人，他们还会关心他们所居住的环境，关心他们所属的民族国家的发展，关心整个人类的命运。作为科学的发现者和技术的发明者，科学家群体还会对人类如何使用这些科学知识和技术发明表达自己的看法。科学家群体承受着"双重的伦理束缚和压力"，并希望在"有效"和"诚实"之间取得最佳平衡。① 他们承受的主要伦理压力是科学精神和科学方法的压力，要确保自己的行为是发现真理，阐述真理，而且是完整地了解真理，包括了解事实及其逻辑的全部。另一方面，除了科学家职业外，他们也是社会中的人，像大多数人一样，希望世界变得更美好。这会促使科学家将工作变成有意义的事，将工作变成减少潜在风险和灾难的工具。为了实现这一点，科学家需要参与社会活动并获得社会的支持，获得公众的关注，获得媒体的报道。科学家就有可能去挑选那些更加吸引眼球的场景进行描述，语言变得戏剧化，事实会被放大，甚至隐去了怀疑的内容。同时也会被他们的其他社会身份牵引或制约。因此科学家群体常常会陷于这种"双重的伦理束缚"之中而无法自拔。

---

① Stephen H. Schneider, "Don't Be All Environmental Changes Will Be Beneficial," *APS News Online*, August-September 1996.

五、科学家组织

科学家组织指的是有着具体任务、具体领域和具体组织结构的团体，既包括以科学目的为纽带的团体，也包括由科学家组成的以其他社会任务和目的为纽带的团体。科学家组织有多种分类方法：按国家属性分，有国家内研究机构、国际科学家组织、国际组织下属的专业组织等；按组织紧密程度分，有专业常设研究机构、专业协会、年度会议及秘书处、网络社区等；按学科分类则有纯科学研究类（各个专业）、技术应用类、社会科学类等。

科学家组织在现实国际社会中有多种组成和存在形式，其一是作为国际组织的专家委员会或专家工作组，如国际海事组织（IMO）中的海洋污染科学专家组、联合国气候变化专门委员会（Intergovernmental Panel on Climate Change，IPCC）下属四个工作组、北极理事会下属的工作组（如可持续发展工作组、北极监测与评估计划工作组、海洋环境保护工作组、动植物保护工作组、污染物行动计划工作组等）；其二是政府间的科学合作组织，如国际北极科学委员会（International Arctic Science Committee，IASC）、北太平洋海洋科学组织（The North Pacific Marine Science Organization，PICES）；其三是国家政府资助的科学机构，如冰岛研究中心（RANNIS）、中国极地研究中心（PRIC）、韩国极地研究所（KOPRI）；其四是国际非政府组织的专家团队，如世界自然基金会的科学专家组（WWF Global Arctic Programme）；其五是独立的国际科学家组织，如北冰洋科学委员会（The Arctic Ocean Science Board，AOSB）、国际极地基金会（International Polar Foundation，IPE）、北极治理项目组织（The Arctic Governance Project，AGP）等。

第四节　研究目标、方法和路线图

本书研究的目标是，以北极治理为主要案例研究科学与治理决策的关系，研究极地科学团体在全球治理议程设置方面的重要作用。在完成科学家群体对治理决策影响的理论分析的基础上，密切跟踪极地科学家团体发展态势，回顾和分析现行科学家团体对北极治理制度的影响过程。希望此项研究能有助于思考中国科技外交的制度建设和国际化战略，总结中国参与国际科学团体的经验，为我国极地科学家深度参与北极治理，参与议程设定提供智力支撑。

（一）研究框架和技术路线图

为实现本书的研究目的，第一，作者将从"知识"与"规制"二核心概念出发，对影响知识和规制的各种因素和变量进行综合分析，从中找出科学家群体和相应组织如何影响极地事务管理的内在逻辑和关系。科学家群体所带来的新的科学事实和知识体系是驱动北极事务治理的动力，同时科学家群体所推动的极地规制会引导各方将自身利益与公共利益做最大化的平衡，进而推动北极事务的国际化和规制化。其中认知共同体理论是一个重要的可借鉴的理论工具。以科学事实和知识体系为核心的"认知共同体"的成立为各国合作制订北极治理制度提供了价值基础和社会动员力量。

第二，本书将在研究北极治理趋势的基础上，分别从全球层面、区域层面、次区域层面的既有治理机制中，梳理出各种科学家组织和科学家发挥作用的模式和特征。这些组织的专业特点和参与治理的特点以及对科学家人才素质的要求都是本书作者的重要关注点。

第三，科学家的知识贡献是科学家群体对北极治理的首要贡献，也是科学家团体和科学家个体参与社会治理的一个事实基础和形成政策工具的依据。本书将运用计量的方法分析各国科学家对北极治理的知识贡献和影响力，以及国家支持的能力差异和变化。在此基础上，从理论上归纳知识是如何对社会发展和政策产生影响的。

第四，研究科学家群体在北极治理中的社会角色，以及科学家群体与其他行为体（如国家政府、国际组织、企业界、原住民组织、其他非政府组织和媒体）之间的互动规律。通过研究科学家自身的特点、优势，以及科学家群体的主要存在方式、科学家对社会发挥作用的主要渠道，综合研究科学家与社会之间的互动关系。在此基础上对政府、国际组织、非政府组织、原住民组织和企业在治理中的角色进行分析，将科学家与这些行为体互动共同推进北极治理的关系加以描述。特别注意对相互作用的机理，相互依赖、相互借助又相互制约的关系开展研究。

第五，在上述研究的基础上探索科学家团体参与北极治理的模式。极地考察和科学研究是人类提高极地认知的基础，同样也是确定治理目标的依据所在。由于知识和学科系统的差异以及科学家团体对治理机制的态度，科学家团体参与北极治理的模式也会存在程度和方式上的差异。本书作者在研究中也会注意将普遍性与特殊性有机地结合起来。在分析几种主要模式的基础上探索各种模式的共同特征。特别注意以下几个过程：科学家建立起的知识体系如何被社会理解和接受，由此进入极地政治的议程；作为政策决策者的顾问，科学家如何把科学解决方案转化为政策建议；科学家如何通过跨国科学家网络把治理主张转化为国际制度。

第六，通过问卷调查和深度访谈，对中国科学家通过参与国际科学家组织投身北极治理以扩大我国在北极治理话语权的现状和意愿进行摸底调查。结合对各种重要国际科学家组织的功能和作用的个案分析，探索中国科学家参与北极治理的有效路径。

第七，结合科学家团体通过知识和规制参与北极治理的模式研究，以及中国科学家参与北极治理的路径研究，尝试着给出关于中国以科技先行参与北极国际治理的政策建议。

对于框架之间的相互关系请参考图1-1。

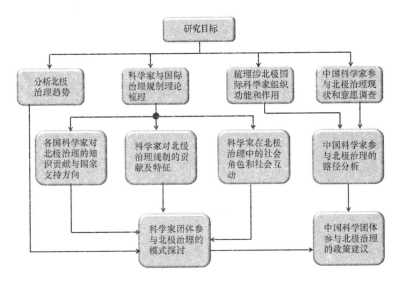

图1-1 研究技术路线图

（二）研究的主要内容和方法应用

本书研究的第一项内容是关于重要的国际科学家团体（组织）的分析。我们对相关国际科学家组织进行遴选和分析，通过对相关组织的网站、新闻报道的浏览和分析，以及尽可能多地直接对该组织的主要成员进行访谈，了解和研究这些组织的宗旨、任务、组织结构，参与治理的方式，以及对科学家的素质要求等。

第二项内容是关于国外学者和涉北极事务人员对科学家与北极

治理的关系的态度、认识和意见的调查，以及中国学者、政府管理部门的官员、科学家群体对科学家与北极治理的关系的态度、认识和意见的调查。本书作者采访数十位中国和国际涉北极治理和北极科学活动的经验丰富者，了解他们的态度、认识、经历和意见，整理他们参与北极科学事业和北极治理的口述经历。作者还通过文献调研、出访交流、召开学术研讨会等方式多方位地开展学术交流活动。

本研究主要的方法还包括深度访谈和问卷调查。问卷调查可以保证意见的代表性和样本的广泛性，国外的问卷接受者名单主要来自中国极地研究中心的国际交流对象，由中国极地研究中心外事处提供；中国的问卷接受者名单主要来自参加 2013 年中国极地学术年会的所有代表。在技术工具方面我们将借鉴德尔菲法（Delphi Method），根据指标体系需要设计相关调查问卷；选定一定规模和比例的专家，用统一的调查问卷对其进行反馈式的函询或个别访问。中国受访对象主要包括中国科技大学、中国海洋大学、中国极地研究中心等机构的极地科学家以及中国国家海洋局、国家气象局、外交部等部门的分管官员。国际受访的对象包括北极理事会及其相关工作组、国际北极科学委员会（IASC）、新奥尔松科学管理者委员会（NySMAC）、世界自然基金会（WWF）、国际北极社会科学联合会（IASSA）等组织中的科学家和工作人员以及各国北极事务官员等。

第三项内容是关于各国科学机构和科学家在北极知识积累上的贡献度和北极治理影响力的数理统计。本书对 1996 年以来科学家在知识方面的贡献，特别是围绕着治理所需要的知识开展科学研究所积累的知识以及这些知识拓展的方向进行总结和归纳，搭建起科学知识与北极治理间的桥梁。对各主要科研国家（包括北极国家和重要的非北极国家）在北极科学研究上的投入进行比较研究，分析国家政策对科学进步的贡献。在国别分析方面，除了总体比较外，将北极理事会成员国，英、法、德域外欧洲国家，中、日、韩域外亚洲国家分别进行比较。借此探讨国家在科学投入上的意义和不同国家在这一方面的经验。

知识贡献的分类则采用了世界经济论坛（World Economic Forum）的一份报告《揭开北极神秘的面纱》（Demystifying the Arctic）的分类方法。从北极治理的需求的角度将与北极治理相关的重点科学研究划分为以下六个方面：北极海洋地质和海洋学研究；海冰、永冻层和冰川学研究；大气科学研究；北极生态系统研究；北极自然资源分析以及应用科学及工程开发。本书作者对以上六类以及与北极相关的社会科学研究的主要论文数进行统计，找出领域和国别知识贡献的变化和差异。

本书选取 WoS 数据库①下的 SCIE（Scientific Citation Index Expanded）子库，时间跨度选择 1996—2013 年，搜集上述几个方面的研究成果，从各国北极治理的 SCIE 论文数量和被引数量的角度来反映各国北极治理的科研水平以及从北极治理六大科学领域的论文数量、关键词分布或学科分布情况等角度来反映当前北极治理各个领域的重要研究问题及发展趋势。本书采用文献计量方法对各国北极治理论文数量和被引数量按出版年份进行统计分析，并结合社会网络分析方法及工具对高频关键词绘制"共现网络图"，了解当前北极治理各领域的主要研究问题。在领域分析方面，除了关键词和基金机构的数量统计，还对关键词的国别特征以及国家基金机构资助的主要领域进行了分析。

本书的一个重要落脚点就是在充分研究的基础上，为中国科学家群体通过参与极地科学家组织投身于北极治理事业服务，为实现

---

① WoS（全称 Web of Science）是美国汤姆森科技信息集团基于 Web 开发的产品，是大型综合性、多学科、核心期刊引文数据库。

中国北极政策的战略目标做出贡献。中国北极政策的战略目标应当是：在北极快速变化之际，着眼于环境问题对全球发展的重要意义，着眼于中国长远的发展利益，依托现有科学技术基础和外交工作基础，整合国内各部门力量，以科学考察和环境技术为先导，以航道和资源利用为主线，以国际合作为平台，遵从和利用相关国际机制确立的责任和权益，加快实现由单纯科考向综合利用，局部合作向全面参与的转变，积累极地研究的知识和人才储备，实现技术领先，减少中国参与北极事务的技术壁垒和环境壁垒，为保障未来中国经济安全，增强国际威望，为保障地球环境、人类和平和技术进步做出贡献。① 具体到本课题，就是要在极地发展战略的引导下，在国际极地科学前沿的指引下，具体研究以科学为先导拓展我国参与极地事务的重要路径，形成可以操作的具体政策，总结多年来我国政府、科学家组织和科学家个人开展国际合作的经验。寻找中国学者在各个科学团体领域内的潜在优势，通过制度保障，人才培养和资源的有目的投放，来增加中国科学家参与北极治理的力度，提升我们极地科学的贡献度和参与极地治理的影响力。

深度访谈和文件梳理是开展此项研究的重要方法。访谈调查是面对面的直接调查，是通过访问者与被访问者双向传导而获取社会信息的口头调查。访谈对象大多是与本研究高度相关的高素质专家和官员。他们的所在位置决定了他们的思考高度，及时的深度访谈可以第一时间了解他们对未来的思考、关注，能够更及时、更全面、更真实地了解政策的形成过程。深度访谈还可以比较处于不同位置的人员对同一问题不同的观点和看法。

---

① 杨剑等著：《北极治理新论》，时事出版社，2014年11月版，第307—308页。

第二章

科学家对全球治理制度的贡献

　　科学家群体是一个掌握着知识的社会群体。他们对社会发展和人类进步一直扮演着创新者和引导者的角色。科学的学科分类种类繁多，科学家所致力的领域也各不相同。以大的类别来划分可以将科学家分为科学研究类人才、技术研发类人才和工程实施类人才。他们从自身的专业出发，为社会提供知识、技术工具并创造应用工程的成果。

　　本章着重讨论科学家作为现代知识的主要承载者，在参与全球治理的政治过程中的权力来源、动员能力和制度的贡献能力。治理场域从结构上看是一个复合机制，但从根本上讲是一个政治场域，是一个通过社会程序对社会资源进行再分配的场域。本章力图揭示的是，没有经济资源和社会资源的科学家如何把知识变成他们进入治理场域的一种权力？科学家群体又是如何展现自己的社会动员能力？人们对科学家的知识贡献都有很高程度的认可，但是对科学家在治理制度方面的贡献，特别是他们的制度设计能力还知之甚少。这也是本章探索的一个重点。作者希望通过对上述三项基本问题的研究，帮助我们了解科学家群体在北极治理制度建设中的贡献和影响过程。

第一节 知识就是力量：科学家的权力和规训能力

科学家的权力来自于知识，知识是科学家进入治理场域的第一武器。知识为何能在社会联系中产生影响社会发展变化的权力呢？这需要我们对权力的含义先有一个基本认识。

一、知识的权力含义

权力是指某一行为体依靠一定的力量优势、资源优势或制度优势，为实现某种利益或原则而在实际政治过程中体现出的对其他行为体的制约能力。[①] 无论通过哪一种优势来体现，权力施加者的直接目的都是要改变他人的行为。权力的被施加者或者被制服、屈服、说服，或者不受影响。科学家没有政治资源优势，有的只是知识优势，他们能做的第一件事情就是通过发挥独立的知识见解和分享知识的优势去影响决策者和公众。前者是有资源分配能力的群体，后者是能够表达支持或反对重新分配资源的纳税人和投票者。

知识关乎人们对世界的认识，而政治权力则是针对社会合作过程中所产生的人与人之间的关系问题。当今时代人与人之间的关系在很大程度上已经是现代技术产品的生产和消费问题，是那些能够被现代技术利用的自然资源和社会资源的占有问题。现代复杂的治理制度恰恰与复杂的知识体系相重叠。地球上承载的人口数量以及人类改造自然的技术工程越多，与这个状况相关联的治理体系对知

---

① 杨剑：《数字边疆的权力和财富》，上海人民出版社，2012年版，第93页。

识的依赖度就越高。

科学家参与治理最重要的诉求就是要改变人们的生产方式、消费方式以至社会管理方式。其难度在于这种改变会影响经济模式的转型，无论是对企业、消费者来说，还是对整个社会来说都有巨大的转型成本。一方面，知识成果可以协助一些行为体建构权力；另一方面，权力所能决定的资源分配过程，又深刻地影响我们对世界的认识过程及其结果。法国哲学家福柯说："权力和知识正好是相互蕴含的，如果没有相关联的知识领域的建立，就没有权力关系。而任何知识都同时预设和构成了权力关系。"[①] 不同于权力游戏中各种利益集团的博弈，科学家在参与治理的过程中，凭借着知识的帮助，使其知识权力的使用达到了一个较高的境界，那就是使服从内在化，直至把服从转化为信仰。

知识是通过理性的力量使人信服，知识的传播是以理解为前提的。因而知识具有将强力转化为权利，把服从转化为义务的功能。人们一旦理解并认同了某种类型的知识，他们就会自觉地信守知识所体现的规制。这种知识权力中以柔克刚的能力有助于我们理解科学家在全球治理过程中的特殊角色。

根据约瑟夫·奈的软权力（soft power）学说，软权力是一种通过吸引而非强迫取得一个预期目标的能力。它可以通过说服他人遵守，或说服他人同意那些能够产生预期行为的准则或制度来发挥作用。[②] 科学家所具有的知识性软权力可形成科学观念或文化吸引力，进而形成可以塑造他人偏好的标准、制度和价值。如果以软权力的概念来观察科学家群体这个特殊行为体，就会发现，科学家行为体所进行的系统化知识的教育就是在运用和施加这种软权力。接受这

---

① ［英］阿兰·谢里登著，尚志英、许林译：《求真意志——米歇尔·福柯的心路历程》，上海人民出版社，1997 年版，第 181 页。

② Nye, J. S. （1990） *Bound to Lead: The Changing Nature of American Power.* New York: Basic Books. pp. 31 – 32

种教育的个体大多数都被说服去遵循"科学的规律"和臣服那些基于知识的某种伦理。

约瑟夫·奈在论及软权力时，其着眼点更多集中于如何使一个国家在国际社会中的权力合理化。事实上，一个国际治理制度创立的含义之一就是要促进国际合作，约束各国政府的破坏性行为，提升各国政府拿出资源参与国际治理的意愿。来自于科学家的知识性软权力不仅提升了国际制度的权威性及合法性，同时也促进了国际治理资源使用的有效性。

厘清知识与权力的关系后，科学技术与权力的关系也随之清晰了。科学技术是知识的一种物化表现形式。科学家的知识权力对社会其他成员认识世界的影响是通过某些社会联系和技术环节达成的。

二、知识的权力行使：规训与结构性权力

了解知识权力的运行机制可以借用福柯的"规训说"。福柯在强调知识和权力的关系时特别强调规训的作用，特别重视权力的技术支撑系统。福柯认为，一般的权力是通过对暴力的国家机器以及对资源的控制来实现的，规训的权力机制的要旨不在于对暴力、财力的控制，也不在于对意识形态的控制，而是通过规范化的监视、检查、管理来运作。规训的出发点是权力行使者对权力接受者行为选择和规范的预期，是对结局和目的的强调。福柯认为，规训是"一种权力类型，一种行使权力的轨道。它包括一系列手段、技术、程序、应用层次和目标。它是一种权力的物理学或权力的解剖学，一种技术学。"① 也就是说，规训的权力机制强调规训的技术支撑，

① ［法］米歇尔·福柯，刘北成，杨远婴译：《规训与惩罚》，北京三联书店，2004 年版，第241—242 页。

通过建立一套包括规范、层级管理、裁决、检查等环节的微观技术系统，从而构成一种权力关系的结构网络。

现代科学教育经过几代人的经营，成为科学家为自己开通的一条通向影响社会治理制度的渠道。科学教育已经成为现代人类区别于早先人类最重要的特征，是现代人思维方式、知识结构和社会组织意识的基本来源。每一个受过现代教育的社会公民，包括媒体人、企业主、政治家都经历过物理、数学、化学等学科的"科学训练"。这种训练不仅帮助人们了解科学的知识和结论，同时训练了他们的思维规范。这些思维规范使公众接受了科学家以及他们解决问题的程序和方案。

知识与技术规训的结合也是科学家行使权力和影响力的有效方式。当知识中的软权力解决了"遵循科学规律"和"臣服知识"的信仰问题后，如果辅以技术规训来巩固的话，即通过规范化的监视、观察、评估和管理，就会有越来越多的人相信知识所体现的制度可以带来利益的扩大，并会加入到这一制度体系中来。

在不同的"领域"中有不同的知识结构，不同的结构中有不同的权力表现方式。苏珊·斯特兰奇认为，科学技术变革不是在任何情况下都会改变权力结构，只有在关于政治和经济安排的基本信仰系统一起发生变化时，技术变革才会改变权力结构。[①] 科学家群体如果要改变既有国际间处理某一问题的权力结构，仅靠知识提供还不足以解决问题，一定要促进新的基本信仰系统的建立才可以实现。

三、复合机制：从科学方法到治理制度

科学作为一种方法论和制度建构元素，并非产生于科学家进入

———————

① ［英］苏珊·斯特兰奇著，杨宇光等译：《国家与市场——国际政治经济学导论》，经济科学出版社，1990年版，第147页。

某个领域治理机制之后。除去关于科学家对社会其他行为体的规训和权力行使的上述讨论外，还应观察科学家群体自身从个体到群体的自我规训过程及其制度意义。

其一，科学家的职业训练是一个系列方法论的制度规训过程。当我们观察个体科学活动时，可以看到科学是一种方法，它反映了一种独特的逻辑、工作程序和操作方法。科学研究的过程从现象关注、测量采样、数据分析、实验探索、假设推定、规律总结（证实或证伪）到信息交换，每一步都有一套称之为"科学的"程序和方法。这些程序和方法从社会意义上讲，可以产生两种结果：一种是大家习以为常的，以科学的原理和手段生产或组合出来的物质结果；另一种则是常常被人们忽略的方法论、程序观。这种训练有素的"程序观"往往是以决策的"科学化"和程序的"系统化"和"最优化"的方式呈现的。[①] 科学的程序观、方法论和制度设计对人的规训最早是从"科学启蒙教育"开始，小到技术培训，中到方法论的教育，大到与科学技术密切相关的全球治理的推进。待到科学家参与治理制度建设时，这种科学化、系统化、最优化的意识和方法很自然地渗透到他们提供的制度方案中。按照福柯的理论，科学家实际上是通过一种技术支撑系统加强了制度的权力。

其二，科学的学习过程是专业培养过程和群体培育过程的结合体。从群体活动来看，科学家群体围绕知识传递所形成的社会联系模式和交往方式，就是一种制度合理性的基础。早期的"学习与分享"过程，就是要帮助学习者成为一个共同体成员，是通过成员交往过程中的相互给予加深联系并获得学科网络的认可。科学界的互动还意味着不同领域的科学研究者之间的相互合作、相互批评、相互印证以及对知识积累的相互叠加。治理制度要达成的目标之一是

---

① 薛惠锋等著：《钱学森智库思想》，人民出版社，2016年10月版，第62—102页。

促进不同行为体之间的"集体行动"。因此,从"学习与分享"过程到治理制度的集体行动的方法论差距已经很小。科学家自觉或不自觉地将自己经历过的"学习与分享"经验嵌入到治理制度之中,去促成集体行动,让共同体每一个个体都成为有独特个性的成员。通过相互交往与互动激励机制内的认同和贡献,最终促进治理机制的扩展和提升。

其三,科学技术的复杂机制可以对治理的复杂机制产生制度映射作用。奥兰·杨把现代全球治理的核心看作是"对全球复杂系统的治理"。其复杂性包括:一是系统组件之间的互联性和紧密耦合性;二是门槛和触发开关的存在与非线性变化模式;三是动态的和定向过程;四是突发性和意外的频度增加。① 科学本身就是一种基于知识和技术的复合机制。在这个机制中,从事科学的人、科学问题、探寻问题的技术设备、以及探索问题的逻辑程序结合起来成为一种网络组织,并成为一种文化。科学程序的合理性来自于规训、实验和数据的分析,因此它是一种基于技术组织机制的合理性。这种科学机制的文化已经在非科学实验的领域呈现并发挥作用。现代治理制度也是一种复合机制。用科学程序中的逻辑推理引导公众认知,非常典型地表现出以科学的理智取代公众选择的理智。科学家是这种基于知识和技术的"复合机制"的主要运用者、操练者和实践者。中国科学家钱学森基于工程控制论创立了系统工程理论,而后又将其用于社会治理,这个过程就是从科学制度映射到治理制度的典范。钱学森理论的一个基本判断是,当系统越来越复杂时,当系统组件大大增加时,整个系统的可靠性就会脆弱。治理的关键就是将并不十分可靠的多个元器件通过系统控制的方法组合成一套可

---

① Oran R. Young, *Governing Complex Systems: Social Capital for the Anthropocene*, Massachusetts: the MIT Press, 2017, p. 4.

靠的系统。①

第二节　认知共同体：科学家的动员能力

如前所述，科学家参与全球治理时并不掌控主要的社会资源，但他们需要社会资源朝着他们认为正确的方向分配。尽管科学家参与治理是一种离开本行的"业余活动"，但一些有社会责任感的科学家愿意投入个人精力，在为解决问题提供知识的同时，参与治理，促进资源朝着可持续的方向发展。本节主要讨论科学家群体如何展示其动员能力说服社会做出新的选择。

一、认知共同体与跨国网络建构

认知共同体在共同价值的形成与跨国网络的建构过程中扮演重要的角色。约翰·罗杰（John G. Ruggie）最早把认知共同体（epistemic communities）概念引入国际组织研究。② 彼得·哈斯（Peter M. Haas）对认知共同体则进行了更为深入的研究。根据哈斯定义，认知共同体指的是一个由某些特定领域有专长和能力并且在该领域政策上具有公认知识权威的专家所组成的网络。③ 虽然认知共同体的成员职业和学科背景不同，但他们对相关专业领域知识的重要性和价值标准具有共同理念。由此演绎出的共同的信念、规

---

① 薛惠锋等著：《钱学森智库思想》，人民出版社，2016 年 10 月版，第 11 页。

② John G. Ruggie, "International Responses to Technology: Concept s and Trends," *International Organization*, Vol. 29, Issue. 3, June 1975, pp. 557–583.

③ Ernst B. Haas, *When Knowledge is Power: Three Models of Change in International Organizations*, Berkeley: University of California Press, 1990; Peter M. Haas & Ernst B. Haas, "Learning to Learn: Improving International Governance," *Global Governance*, Vol. 1, Issue3, Autumn 1995.

范和原则是认知共同体开展社会活动的价值纽带，对核心问题的因果关系的共同认知源自其共同认可的科学知识体系，有助于在政策行为和治理结果之间建立起有效的联系。认知共同体具备共同的政策计划和专业指导下的一系列最佳实践，由此来增进人类的福祉。[①]认知共同体在与其他群体比较时具有三个非常重要的特点：共有的知识基础、相同的原则信念和共同的政策目标。有些集团的成员可能拥有共同的政策目标却不一定具备共同的知识基础和逻辑思维，而某些科学团体可能有共同的知识基础却不致力于影响或改变政府政策。

认知共同体的核心是掌握知识权力的科学家，认知共同体的权威性又取决于科学家知识和信息的权威性。在此，认知共同体是指某一领域中由专家学者构成的网络，他们因其专业权威而被公众认可并借助其跨国网络平台致力于影响或改变政策制定的过程和结果。认知共同体通过掌握知识和信息引导社会资源的合理配置，通过传播新信息和新观念发展出新的治理模式，从而有效地达成政策协调和国际治理。在过去半个世纪里，在全球保护臭氧层、欧洲控制酸雨以及控制地中海污染物等行动中，以科学家为核心的认知共同体发挥了巨大作用，并促进了国际治理机制的发展[②]。知识共同体的成员可以通过以下三种方法将其知识制度化：一是对现实社会的发展基础和发展目标进行重新建构；二是组建舆论联盟和行动联盟以支持源于知识的政策；三是创造基于其知识的国际治理组织实体[③]。

---

① 孙凯："认知共同体与全球环境治理"，《中国海洋大学学报（社会科学版）》，2010 年第 1 期，第 125 页。

② 可参见：Ronnie Hjorth, " Communities and the Politics of Regime Change Baltic Sea Environmental Cooperation: The Role of Epistemic Communities and the Politics of Regime Change," *Cooperation and Conflict* 1994, 29 (1)。

③ Peter M. Hass. "Special Issue on Knowledge, Power and International Policy Coordination," *International Organization*, Vol. 46, No. 1, 1992.

认知共同体对社会的影响路径是一个知识体系形成、价值和利益重构以及制度和行为准则化之于民的过程。认知共同体跨国网络建构的过程则是对主权国家政府资源分配内部化的迂回包抄策略。它透过专业领域的信息分享和知识传播，通过政府间国际组织和国际非政府组织的跨国行动，通过国际主流媒体的全球传播建立起跨国知识共同体以及舆论联盟和行动联盟。从中我们既看到知识和信息的传播与传承的过程，也看到作为知识承载者的认知共同体的形成和发展过程。

迈阿克·克洛斯（Mai'a K. Davis Cross）认为认知共同体具有三个方面的特质：一是认知共同体是理解跨国治理（transnational governance）趋势的前端，同时是一种权力的载体。他们不仅影响各国政府，也影响其他非国家行为体。一些非国家行为体常常因为共有知识（shared knowledge）的影响而深入到跨国治理之中的。二是认知共同体通常都注重内部动力。一个认知共同体是否有社会成效取决于其影响力程度大小。组织的内聚力（internal coherence）越强，他们对于政策结果就有更大的影响力。三是认知共同体对于研究跨国治理现象具有很强的解释力和说服力。要想实现认知共同体与政府和社会之间的协作效应（synergistic），认知共同体必须发挥他们的核心要素，那就是专业精神。①

与全球治理相关的认知共同体最初始的作用是提出世界上存在的问题以及不同问题之间的因果联系。当这些问题得到国家和非国家行为体足够的认识后，进而提出以知识为基础的解决方法。这意味着认知共同体不仅拥有知识，还有解读信息并赋予信息以价值判断的权威，以及将知识转化为社会行动的路径。

在全球问题的复杂性以及解决这些问题的专业性日益凸显的同

① . Mai'a K. Davis Cross, "Rethinking Epistemic Communities Twenty Years Later," *Review of International Studies*, Volume 39, Issue 01, January 2013, pp 138 – 139.

时，公共决策过程的不确定性也大大提升，为认知共同体发挥作用创造了良好的环境。认知共同体致力于影响政策制定的过程和结果，并参与塑造决策者和社会公众对某个全球或区域问题的认知。国际社会针对复杂的全球性问题决定是否合作以及如何合作，在很大程度上取决于各国对该问题的性质和范围能否达成共识。认知共同体在塑造决策者的认知方面扮演了重要角色。认知共同体藉由社会间或者国家间的联系与沟通，将特定的认知从社会传达到政府，从某个国家推广到其他国家，进而为政治精英所采用，为民众所接受，从而改变集体决策和行动的结果。

在决策者形成国际合作共识后，认知共同体还将致力于维持国际制度的存续。如果将国际政策合作的过程分为政策创新、传播、选择和持续这四个主要阶段，那么认知共同体的作用和影响贯穿整个过程。从最初的设定议程和框定议题到广泛地传播其内部的共有知识，认知共同体借助其跨国网络塑造某些国际机制的基础性结构。

在治理的平台上，国家行为体具有更多的可分配资源。它与科学家群体相比较，最大的差异就在于知识能力的差距以及利益集团的掣肘。随着气候变化、环境生态危机、自然灾害等全球问题相互关联程度的加深，国家政府的相关决策和政府间国际组织的决策更加依赖科学家群体的知识储备和技术能力。这也为科学家群体展示其动员能力提供了很好的机会。

在现实中我们注意到认知共同体为了高效地开展动员，非常注意借用大国的影响力手段。衡量动员效果的重要指标之一就是接受其观念或共识的国家数量和这些国家的能力。接受认知共同体共有知识的国家越多，国家行为趋同的可能性越大，国际政策合作的可能性也就更大。同时，接受其观念的国家在国际体系中的力量越强大，则影响国际合作的可能性越大。此外，发达国家强大的学术发布平台和强大的传媒系统都是认知共同体可以借助的动员工具。

在现代人科学训练的背景下，科学界围绕研究结果的交流与公共舆论之间并没有一个明确的"墙"，更何况科学家可以借助社会科学家的解释和艺术家直观再现式的创造，使得在公众中建立起科学治理的意识形态不再是难事。美国电影《后天》①就是通过艺术对科学的演绎将未来社会面临的灾难体验投射到今天人们面前，它对于形成应对气候变化的全球舆论基础帮助很大。

二、科学家特质与政治过程

如前所述，并不是所有的科学家和科学家组织都致力于影响政策。科学家因为其类别不同，与政治过程的互动也大相径庭。美国丹佛大学的罗杰·皮尔克（Roger Pielke）教授从气候变化的政治辩论中考查科学家的角色及其角色转换。他根据不同的社会态度将科学家分为四类：纯科学家、科学知识备询者、议题主张者、诚实经纪人。②"纯科学家"与决策过程保持距离，而不关心政策制定者是否使用及如何使用他们所拥有的知识和信息。"科学备询者"并不致力于向政策制定者提出具体建议，而是将自己作为科学知识备询的来源，当社会和政策制定者询问时才会提供关于事实的信息和答案。作为"议题主张者"的科学家提出社会主张的意愿很强，对具体政策的偏好十分明显，并试图向决策者说明此一项选择优于

---

① 美国电影《后天》根据科学家关于温室气体排放与气候变化的推论，描绘了温室效应导致气候异变造成地球陷入第二次冰河世纪的故事。主人公科学家霍尔教授根据观察和研究史前气候的规律，提出严重的温室效应将造成气温剧降，地球将再次进入冰河时候的假设。在电影中这个预言变成了现实，龙卷风、海啸和暴风雪接踵而至，人类陷入了一场空前的末日浩劫。因为有了科学知识的支撑以及艺术画面近乎真实的再现，使全球观众接受了一次关于气候变化将危及人类生存的科普教育。

② Roger Pielke, Jr., *Climate Politics. The Climate Fix: What Scientists and Politicians Won't Tell You About Global Warming*, New York: Basic Books, 2010, p. 213.

另一项选择。作为"诚实经纪人"的科学家试图提供决策者所面临的所有决策选择的信息，而且是政策选择范围内平衡的信息。该方法是提供广泛或明确的选择范围，而将决定权交给政策制定者，由政治家根据自己的喜好和价值观来决定。

可见，除去"纯科学家"，另外三种类型的科学家都具有参与治理的角色，尤其是"诚实经纪人"以及"议题主张者"。"议题主张者"的政治倾向性更加明确，对决策者构成的压力也越大。"诚实经纪人"则试图调合科学知识与各利益方的关切，力图实现科学与政策的平衡。在许多情况下实现科学主张与社会决策的平衡是一个极具挑战性的任务。社会决策重点在于各利益攸关方的利益平衡，科学主张的是知识的积累和真理的发现，要平衡知识和利益需要科学家与社会各界有效的合作。

站在决策的角度，科学家也有让社会无所适从的时候。皮尔克指出，科学家要选择四类角色中的某种角色来扮演并非易事。例如，一个"纯科学家"原本只关注于科学本身，结果不经意地成为了"隐身的"议题主张者。他们的科学发现会被他人挑出，并以很片面的方式用于政治辩论（例如关于气候变化的辩论）。同样，一个试图成为"科学备询者"的科学家，很容易不自觉地滑入"议题主张者"的角色。一些科学家愿意在政治上有争议的公开辩论会上选边站，并利用其科学家的身份来支撑争论的一边。在气候环境问题上这种现象并不罕见，越来越多的环境科学家通过公众媒体进行科普宣传和舆论引导。这个角色一方面可以引起社会关注，但同时也可能破坏了科学作为一种独立的知识来源的特殊地位，有一定的信誉风险。尤其是在复杂的辩论中，不同领域的科学专家很可能采取对立的立场，使得专家的说明同样不可全信。皮尔克认为，科学家们必须认识到每个角色所面临的问题，然后做出一个有意识的选择。其实，科学家可以在不同时期，不同的问题上选择不同的角色。

三、科学家对民主决策和公共选择的加持作用

人们所熟知的民主决策过程，强调的是利益在不同的群体间的分配。民主政治的透明性就是要就分歧展开公开的讨论，用共同商定的透明程序决定是否采用或拒绝某种方案。对公共事务的民主决策，其目的在于在维持共享价值的基础上，合情合理地分配相关成员的责任、义务和权利，分配可用于治理的公共资源和共享资源，并妥善解决相关问题。民主程序十分艰难地在效率和公正之间实现平衡，在强势群体和弱势群体之间取得平衡。因为每一个人都有自己的小群体利益，在多数情况下，人们会接受社会制度和民主程序的裁决，但不愿意向别的团体或多数团体利益做出退让。

科学程序与民主决策结合后产生的合理性，使政治决策的有效性大大提升。所谓科学基础上的民主共治，就是先搁置各自小集团的利益，让科学的逻辑发挥首要作用。在了解科学的事实和逻辑判断之后，就人类全体的选择先达成共识，并据此就各成员之间的责任、利益、资源进行再分配。民主的讨论和辩驳，无法把各派的分歧导向公共真理，往往是通过民主后的集中，或透过程序的正义暂时压制分歧。科学的逻辑使民主的讨论有了方向，将分歧点从"是否做"变成"做的快慢"以及"责任分担比重"之上。

现代政治也开始重视借用知识的力量和专家的角色。在一场争辩中，如果一方的决定缺乏知识支撑，而另一方的决定具备充分的知识支撑，博弈的结果将是不言而喻的。科学家的道德性和科学制度安排的合理性体现出知识的力量。现代国家的治理往往需要根据学科性的知识基础起草政策和法律，以法律的形式确定谁是合理合法的，什么是失序，什么是社会危害。知识为这些权力的行使提供

了合"理"合"法"的依据。

全球治理是没有单一政府提供公共产品的公共事务。负责任的科学家作为发现事实的第一批人，当他们发现治理的资源并不在自己的手上，发现可用于治理的资源并不是按照他们的预期去分配时，他们会思考调动或协助调动资源的能力和手段，以促进资源使用的方向朝着他们认为合理的方向发展。科学家参与治理并展现动员能力的初衷是受其社会责任的驱动。

科学家职业训练中包含了支持信息和知识的自由流动，这使得科学家不遗余力地坚持自己在全球传播"事实"和"真理"的权利。科学家之间的信息交流也有长期形成的不二法则，就是可以反对一个主张或结论，但不能反对"信息自由流动和观点公开辩论的合理性"，这无异于给了科学家在全球就某个领域的全球治理进行社会动员和政治辩论的道德性和合理性。

第三节　制度贡献：科学家的制度设计能力

科学家通过参与治理制度设计所形成的对其他行为体的制约也是一种结构性权力。苏珊·斯特兰奇特别强调结构性权力的重要性。她认为，结构性权力就是决定办事方法的权力。在各种双边或多边的关系中，如果有一方在相互关系中也能决定周围的结构，那么各方在相互关系中的相对权力就会因此增大或减小。结构性权力通常可以达成的效果是，权力拥有者能够改变其他人面临的选择范围，又不明显地对他们直接施加压力，要他们作出某个决定或选择，而不作出别的决定或选择。[①] 以科学为基础的知识包括科学探

---

① ［英］苏珊·斯特兰奇著，杨宇光等译：《国家与市场——国际政治经济学导论》，经济科学出版社，1990 年版，第 29—35 页。

索的结论以及达成结论的方法。科学家更乐于以知识服人，以知识的结构性权力服人。科学家擅长在治理结构中始终处于决定周围社会关系结构的位置，充分地利用其特有的结构性权力，成功地在社会结构中塑造新的偏好，压缩其他社会成员选择破坏代际福利均衡的空间。

一、知识在国际制度中的特殊作用

新的知识体系一旦得到社会广泛认可，就会激发社会治理制度的重新安排，从而降低制度变迁的成本。正如戴维·赫尔德和安东尼·麦克格鲁所言："现有知识积累限制了制度创新可供选择的范围，而知识存量的增加有助于提高人们发现制度不均衡进而产生改变这种状况的能力。更为重要的是，在一个社会中占统治地位的知识体系一旦产生，它就会激发和加速该社会政治经济制度的重新安排。知识的积累和教育体制的发展促进了知识和技术的广泛传播，以及与工商业和政府机构的发展密切相关的统计资料储备的增长，从而在很大程度上减少了与制度创新相联系的成本。因此鼓励科学研究以及对外交流学习，加强知识存量的积累，就能增加制度的进取能力，促进制度变迁。"①

在国际制度的创建和运行的过程中，知识作用包括两个方面：其一是国际制度实现其功能所要求的专业知识以及知识和信息分享机制。目前在许多专业性国际制度决策中，掌握专业知识的专家通常扮演了权威的角色。例如哈斯（Peter Hass）在分析地中海环保制度时就强调了知识在决策过程中的权威。② 专业领域的国际治理

---

① ［英］戴维·赫尔德、安东尼·麦克格鲁著，曹荣湘等译：《治理全球化：权力、权威与全球治理》，社会科学文献出版社，2004年版，第6页，第188页。

② 参见：Peter Hass, "Epistemic Communities and International Policy Coordination," *International Organization*, Vol. 46, 1989。

制度对专业知识的多方位的需求使得参与决策的各部门重视信息交流和咨询，并为此建立起信息交流和咨询的工作程序和机制。有些部门还将专业知识和信息交换方式作为工作岗位的重要培训内容。这些过程都属于规训的技术支撑范畴。这些程序的存在减少了治理系统中各部门之间因为理解差异和信息不对称引发的摩擦，最终提升了知识和训练在决策模式中的成份。

知识在国际规范（norms）的建立方面同样在发挥作用。国际规范是一种基于共同挑战、共同愿景的集体信念系统的制度体现。卡赞斯坦（Katzenstein）认为国际规范指的是对行为体恰当行为的共同期望（collective expectations for the proper behavior）。[1] 根据斯特恩（Stein）的理论，决策者对世界如何运转的本质认识能改变政策制定和国际合作机制的前景[2]。知识的分享和共同认知的形成是凝聚全球治理共同观念的基础，具体包括了对全球治理必要性的认知，彼此间的信任感和预期，以及对相关原则和方法的态度。国际规范既包含在一个国家内部制定政策过程中，又存在于国际协调过程之中。

知识不仅扮演了制度形成的信念基础，同时也在制度形成过程的各个环节中发挥作用。科学家群体通过对新问题中规律的揭示，促进决策者的学习过程，进而导致决策者的认识和观念变化。基欧汉（Robert Keohane）和约瑟夫·奈（Nye）等学者阐释了国际制度中的"跨国接触"[3] 和"再生能力"[4] 现象，强调相关专业团体对

---

[1] Peter J. Katzenstein, *The Culture of National Security Norms and Identity in World Politics*, New York：Columbia University Press, 1996, pp. 12 – 31.

[2] Arthur Stein. "Cooperation and Collaboration：Regimes in an Anarchic World," in David A. Baldwin（ed.），*Neorealism and Neoliberalism：the Contemporary Debate.* New York：Columbia University Press, 1993, p. 49.

[3] Robert Keohan, Joseph S. Nye, *Power and Interdependence*, New York：Harper Collins, 1989, pp. 34 – 35.

[4] Ruiggie, "Multilateralism：the anatomy of an institution," *International Organization*, Vol. 46, No. 3, pp. 561 – 598.

全球治理问题发挥了议题催化剂的作用[①]。基欧汉认为，专业团体会在国际制度形成过程中提供主流信仰、原则性信仰以及道德信仰，并以此影响全球治理进程[②]。约瑟夫·奈提出了复杂学习过程的模式（complex learning），认为国际制度的出现促使决策者通过学习来定义新的国家利益。约瑟夫·奈指出，学习通常包括了从极度简单到复杂综合的多重环节，决策者在学习过程中将现实焦点汇集于具体细节的基础之上，在重新定义国家利益内容时会倾向于采用新的知识[③]。在许多专业性国际制度决策中，科学家通常扮演了权威顾问的角色。科学家在帮助决策者学习专业性细节的过程中，也提升了决策者综合治理的认识。

在全球治理的制度建设方面，知识和信息交流对集体行动具有不可或缺的意义。国际合作中的分利、分责、分工都有赖于充分的知识和信息作为依据。不充分的知识和信息会让决策者难以下决心开展国际合作。哈丁（Hardin）指出"合作的程度有赖于知识的总量"。[④] 在参与者无法得到有效信息的情况下，集体行动的不确定性增加，国际合作会变得十分困难。当科学家成为最主要的信息提供者和发展趋势的权威解释者时，其在结构性权力框架中的作用十分显著。

对国际治理机制有效性的评估，一是看其是否有能力获得问题产生的足够的信息和解决问题足够的知识，这需要科学家提供相应的信息和知识；二是看其是否有能力确立有约束力的国际规范，让

① Robert Keohan, Joseph S. Nye, Jr (eds.). *Transnational Relations and World Politics*, Cambridge, MA: Harvard University Press, 1972, pp. 51 – 52.

② Judith, Keohane, Robert O. and Goldstein (ed.). *Ideas and Foreign Policy: Beliefs, Institutions, and Political Change*, Ithaca: Cornell University Princeton, 1993.

③ Joseph S. Nye, Jr. "Nuclear Learning and U.S.-Soviet Security regimes," *International Organization*. Vol. 41, No. 3, Summer 1987, p. 378.

④ Russell Hardin, *Collective Action*, Baltimore: The Johns Hopkins University Press, 1982, p. 182.

不遵守者付出代价。这需要科学家提供技术监测手段和监测数据；三是看其是否有能力开展政治动员、资源整合，资源的有效配置。复杂的工业化时代的全球问题必须有足够的基于科学和事实的资源整合方案和利益分配方案，这也需要科学知识作为基础；四是看其是否有能力形成并维持集体行动的基本价值和意识形态，科学家的关于人类共同命运的主张，始终占据着价值和道德的高地，对于全球范围内的国际合作和集体行动至关重要。

二、科学交流和系统工程：两种模式对治理的制度贡献

科学家群体不是简单的"业缘"的结合，而是有一种特殊交往方式的"共同体"。科学家之间有关知识的积累方式、获取方式和交换方式也是一套制度体系。把科学家的这种互动方式移植到治理的场域，会对治理制度产生模式上的影响。科学家参与的人数比例越大，这套制度体系就越容易成为主流的制度体系。美国哲学家杜威（John Dewey）认为知识与社会联系和交往深度相关，提出："知识取决于社会联系和交往。它依赖于传统，依赖于社会中具有传递、发展和支持功能的那些工具和方法。"[①] 科学家达成共识的过程是一种社会联系模式，意味着不同科学研究者之间的信息交流、相互合作和相互批评。科学界的协同创新网络从本质上讲是一个思想、理论、方法、技术、工程的共享机制，它依靠信息技术网络构建信息资源平台，让独立的创新主体拥有共同的目标和内在动力，进行多方位交流和多样化协作。

哈贝马斯针对科学辩论和民主辩论的共性进行过分析。他认为，科学辩论和民主辩论都是一种商谈过程（discourse）。科学辩

---

① 童世骏著：《批判与实践：论哈贝马斯的批判理论》，三联书店，2007 年版，第 172 页。

论的目标是对某个方面的"事实"达成共识。而民主辩论的目标是对某个情境中社会公共选择达成共识。两个过程的实质都是"基于有理由的言论活动达成理解和形成共识的行动"。① 在科学界中，研究的科学逻辑体现了说服力，而知识传播的自由则体现了道德性。这些与民主共治的精神有共通之处。这种共通之处为形成相应的制度安排提供了良好的伦理基础。

只有科学家的全过程参与才可能对全球治理的全过程制度安排产生影响。"非专业的人把流行的结论当作科学。但科学探索者知道，这些结论只有与达成结论的方法联系的时候才构成科学。"② 知识具有真理的权威性和高级复杂的系统性等特质，可以对人类社会组织方式和管理方式产生影响。当科学家进入治理过程，他们并不满足于只把结论告诉公众和决策者，而是为了治理的成效做出制度贡献。他们以科普的名义把科学的联系植入到治理的意识形态中，以决策科学化的名义将科学家的议事方法植入到治理的程序之中，将科学的指标评估方式植入到治理机构之中。

科学既是揭示事实和事物发展规律的工具，同时也是一种孕育制度的工具。大机器时代以来，人们就非常清晰地感受到这种制度层面的影响力。现代社会是基于技术进步而建构和发展起来的人的各种联系，之前被称作工业化社会，现在被称作信息化社会，指的就是科学技术革命对社会结构和社会互动关系的影响。科学对社会发展和社会成员行为方式的影响在很大程度上是组织结构和观念思维上的改造。

我国著名科学家钱学森曾经是应用力学、火箭和导弹方面的专家。在开创我国航天事业的同时，他总结出一套具有普遍科学意义

---

① 童世骏著：《批判与实践：论哈贝马斯的批判理论》，三联书店，2007年版，第180页。

② John J. McDemott（eds），*The Philosophy of John Dewey*，The University of Chicago Press, Chicago and London，1973，p. 633.

的系统管理制度和技术。1978年他又将这套技术程序和制度引入到社会治理。钱学森的系统论是一个科学的知识体系。他将系统分为简单系统、简单巨系统、复杂巨系统和特殊复杂巨系统。无论是人体系统、社会系统、地球系统都是复杂巨系统。而且这些系统又都是开放的，与外部环境有着物质、能量和信息的交换，所以又称作开放的复杂巨系统。钱学森的系统科学知识体系将社会科学和自然科学有机地联系在一起，认为系统结构、系统环境和系统功能是组成系统的三个相互支撑和影响的层面。无论是一国的现代化建设还是地球系统的有效治理都离不开系统论的思维和与这个思维相一致的制度。

钱学森认为，这种科学的思维以及在他航天技术开发和管理实践中总结出的一套制度和程序可以在现代社会实践中广泛应用。1991年10月，钱学森在一次讲话中强调："今天的科学技术问题不仅仅是自然科学和工程技术，而是人类认识客观世界、改造客观世界的整个知识体系。我们完全可以建立起一个科学体系，而且运用这个体系去解决我们中国社会主义建设中的问题。"[①] 钱学森和他的学生们总结出一套三维的系统管理体系，对于建立社会实践的制度具有普遍指导意义。[②] 在钱学森看来，任何社会实践，特别是复杂的社会实践，都有明确的目的性和组织性，并具有高度的综合性、系统性和动态性。因此在构建一个社会实践的制度体系时必然包括三个方面，也就是三维系统的三个坐标：一是实践对象；二是实践主体；三是决策主体。在实践对象和决策主体的坐标中，要解决的是任务和目标问题，无论是科学技术研究、工程施工、物品生产还是环境保护，都存在任务和目标的确定问题。需要成立一个总

① 于景元："序二"，刊载于薛惠锋等著：《钱学森智库思想》，人民出版社，2016年10月版，第22页。
② 于景元："序二"，刊载于薛惠锋等著：《钱学森智库思想》，人民出版社，2016年10月版，第4—25页。

体设计部门来对系统结构、系统环境、系统功能进行总体的分析、论证、设计、协调、规划和统筹。同时通过现代计算技术进行建模、仿真、优化、试验和评估，以求得最好的系统总体方案。从实践主体上看，无论是研究院所还是企业，是国家行为还是国际合作，都需要根据已经确立的总体方案来组织实践活动，投入合适的人力资本以及合理的财力和物力，要优化资源配置，要以较低的成本实现高质量的社会实践活动。科学家参与总体系统管理的主要功能包括：科学地确定各级总体方案；严格控制技术状态；确保系统优化和整体优化。

这就是说，科学之所以可以对治理制度产生重要的作用，从本质上讲是因为科学已经成为一种方法论和社会组织运作方式。钱学森围绕开放的复杂巨系统的制度设计就是对现代全球治理最好的制度贡献。

三、政治家为何接受与科学家一起进行制度设计

治理制度属于政治的范畴，是政治人物主导的场域。科学家参与治理议程也是一种跨界。问题在于，政治人物在什么情况下愿意接受科学家对治理制度的改造？科学家是如何以科学的内容、结论和方法论影响一些社会治理制度的形成和演变的？社会管理者以及社会广大成员愿意接受科学知识的影响进而改变自己行为偏好的动力从何而来？科学家创造了什么价值是政治决策者需要的或不得不接受的？

科学知识的传播是一个从少数人发现变成多数人常识的过程。社会接受科学知识传播的动力一般产生于两类场景：一是当科学知识可以成为社会成员的谋生之计，同时又是一个国家发展生产力和国际竞争力的重要工具之时。这种情况在工业化初期表现得十分明

显。二是当科学知识揭示了社会和公众面临的共同挑战和危机之时，而且这种危机需要社会成员的齐心协力，共同应对。这种情况更符合全球化时代的治理需求。市场配置和政府配置方式解决不了现代一些跨国界的、影响全球的重大问题，如环境、生态、气候、传染病等等。在全球化时代和信息化时代科学家群体引导全球性跨国问题上的能力和角色得到大幅度拓展和提升。

在科学时代来临之前，人类生活变化的显著性可能以百年来计算的，并逐渐发展到以十年来计，而今日的变化则是日新月异。这种日新月异的变化使得政治人物无法只在决策之前征询科学家意见，而是需要在决策、执行以及政策成效评估几个阶段上都需要科学家的参与。另外，当新的科学发现变成一种民主共治组织的首要条件的话，当科学信息分享成为一种道德上的必然性，当科学已经提供了足够的知识并形成了全球治理的意识形态时，科学家参与治理制度设计几乎无法避免。

政治人物并不会主动让出自己的专业战场，他们更愿意让科学家作为咨询顾问，去补充并解释那些可以帮助决策的重要信息。在国内治理场域中，一些决策者更需要科学家帮助去寻找"基于政策的证据"，而不是"基于证据的政策"。但是，当观察问题发展变化趋势的来源和问题的解决都离不开科学的时候，科学家就被请入到治理决策的各个环节。科学家参与治理的第一阶段是提供知识。当知识变成常识后，政治代理人更愿意主导政治程序和政治选择。只有当知识严重缺乏和危机不断逼近的情形下，政治人物无法获得足够信息来判断并确定资源分配时，科学家的作用和科学的权威就显现出来，并由此进入到第二阶段。在第二阶段，科学家仅扮演备询者或者顾问的角色。在第三阶段，问题领域的专业性更强，政治人物原有的治理系统已经无法应对，必须引入更加贴近科学的治理系统和制度才可能处理。此时科学家的参与已经成为一种制度提供者的身份。从引进知识到引入科学家，再到接受科学家倡导的治理制度，是一个社会治理机制吸收科学家参与的三个层级。

国际治理活动具有很强的民主性，因为在国际治理平台上没有国内政治中很强的行政权力存在，信息传播的自由在国际议题上缺少了类似国内政治的限制。在这种情况下，科学家享有较大范围的参与度，有机会将科学家的社会联系模式和交往方式、议事方式带入国际治理议事日程之中。在国际组织层面，他们通常能以科学规律为基础，确定国际法和国际协议的导向和内容。

从知识角度来说，以科学家为核心的认知共同体通过知识的传播形成新的利益观念和社会价值观念。科学家团体向全世界宣传其观点的扩散机制包括：会议、座谈会、研讨会、学术性出版物、研究合作、专业组织活动以及各种非正式的交流方式等，也包括科学家团体帮助决定政策论述的范围、议题解决的层次以及提供国际治理的规范和制度。在应对许多专业性国际制度的公共决策和规制建设中，科学家团体往往扮演了权威的角色。科学家团体可以介入议题的设计和帮助决策者界定利益。科学家团体通过知识的制度化，将相关的观点、信念和目标形成程序化的议事规则并且固定化。

第四节　认知共同体与北极治理

北极治理是一个全球性和区域性的公共事务的结合体。科学家的知识权威帮助国际治理议程获得了更大的影响力。这种影响力不仅体现在知识贡献方面，而且也体现在议事规则方面。2012 年"国际极地年 IPY"蒙特利尔会议的主题就是"从知识到行动"，说明科学家群体不满足于公布科学事实和知识本身这件事，而愿意更加积极地行动起来，投入到影响政策和治理行动之中。

一、北极治理制度对知识的需求

知识对于制度的变迁有着决定性的意义。知识积累的有限性会限制制度创新的深度和广度，而知识存量的增加有助于提高人们发现制度不均衡进而改变这种状况的能力。[①] 北极地区气候严酷，人类对北极的考察和研究还相当不足，特别是关于北极变化与整个地球系统之间关系的知识积累还相当缺乏。很多关于北极治理的报告都强调知识的重要作用。[②] 北极治理最主要的矛盾之一就是人类北极活动增加与北极治理机制相对滞后的矛盾。造成治理机制缺乏与落后的深层次原因就是知识的缺乏。知识的有限性会影响北极制度形成的速度、深度和广度。

北极治理制度对相关知识的需求是多方面的：第一类知识是关于观察事实本身；第二类知识是关于生态和环境保护的技术和手段；第三类知识是关于可持续开发的知识和技术；第四类知识则是关于制度形成的信仰体系。四类知识相互关联，共同建构了对北极治理制度的知识的支撑体系。

第一类知识是关于北极自然环境各类变化的系统化的信息，如气候的变化、冰川的融化、海冰面积的变化等影响北极自然生态和社会生态系统的信息。这些科学测量数据可以揭示现象后的因果关系，可以根据这些数据进行推测和印证。在科学的评估体系中，这些数据不断完善和丰富着北极变化的知识。北

---

① 黄新华：《新政治经济学》，上海人民出版社，2008 年版，第 188 页。

② Report of the Arctic Governance Project, *Arctic Governance in an Era of Transformative Change：Critical Questions, Governance Principles, Ways Forward*, 14 April 2010, p. 16.

极理事会的北极监测和评估项目（AMAP）的系列报告，在北极治理制度形成过程中对北极治理议程的紧迫性排序发挥着基础性的作用。①

第二类知识和第三类知识看似矛盾的两端，一个要保护，一个要发展，但其中一个重要的共同点就是基于知识的行动和技术提供。第二类和第三类知识的兼顾，正好反映了人类在保护中求发展的可持续观念。北极动植物保护工作组（CAFF）以及北极海洋环境保护工作组（PAME）的科学发现和知识积累使北极各领域治理建立在准确的科学数据和生态规律的基础之上。科学家从顶层框架上提出了北极治理的系统性和协调性原则，通过研究形成了气候变化对北极动植物、北极渔类以及人类北极社群影响的报告。在生物多样性方面，科学家从生态和社会双重的角度对北极保护区域进行了深度评估，在描绘出环北极生态系统内在联系的基础上，为当地政府提供最佳保护区划分和保护措施方案。第三类知识需求主要来自开发技术的发展。北极地区的资源、航道都会随着气候的变化更深地与全球市场连为一体。要实现可持续的适度发展，要确保开发的速度和规模控制在北极生态系统可以支持的范围内，就需要必要的技术创新和生产方式的创新。关于脆弱环境下资源利用的技术创新和知识储备，是北极治理制度完善的技术基础。

北极治理所需要的第四类知识是制度建设所需要的信仰系统。仅决策者掌握知识、信息和技术手段并无法单独实现制度的变迁。制度中的政治和经济安排都需要社会支持。知识和技术的积累对于制度建立来说更重要的意义在于，当一个社会中占统治地位的知识体系一旦产生，它就会激发和加速该社会政治经济制度的重新安排。知识体系的普及达成了制度变迁的信仰基础时，知识实际上降

---

① http：//www. amap. no/about/the-amap-programme/amaps-priority-issues.

低了制度变迁的成本，促进制度的快速成型。新知识有一种类似于意识形态的功能，它能够提供一种可供分享的价值和信念。跨国的治理制度是维护国际社会正常秩序以及实现人类与自然长期共存的规制体系，包括用以调节国际关系和规范国际秩序的所有跨国性原则、规范、标准、政策、协议及程序等。以全球治理为任务的国际组织，需要科学知识和科学家来支撑它的权威性和合理性。知识体系的形成有助于建立起新的道德伦理，以及与之相关的围绕公平、公正的评价标准。它有助于帮助个人或小群体与某个特定社会的全体达成协议的一种可以节省交易费用的工具，具有确认现行制度合法性或凝结社会共识的功能。

二、认知共同体中的科学家团体

科学知识是全球化时代治理的基本要素。一般而言，科学的认知越丰富，治理的手段和方式就越有针对性，治理的效果就越显著。就北极地区的治理而言，其面临的关键挑战是气候变化、海洋污染、航运以及公海渔业管理等，每一项挑战都需要以科学认知为基础形成共识，找出解决方案。正如生态系统管理、可持续发展和全球环境变化等概念的传播过程所显示的，在影响制度建立和变迁的各种因素中，认知共同体占有日益重要的地位，此种力量通过影响参与者思考问题的方式来影响价值取向的变化，而且帮助确立集体选择的机制。

建构主义学派的代表人物温特曾经指出，在不存在极端威胁的情况下，共同命运的感觉很大程度上要取决于"倡导者"和"认知共同体"的作用，这些人会率先界定行为体悟知自我的方式。[①]

---

① ［美］亚历山大·温特著，秦亚青译：《国际政治的社会理论》，上海人民出版社，2000年版，第441页。

就北极地区的治理而言，一个突出的例子就是 1991 年启动的北极环境保护战略（Arctic Environmental Protection Strategy，AEPS）。1991 年 6 月，苏联、美国、加拿大、瑞典、芬兰、冰岛、挪威和丹麦八国在芬兰罗瓦涅米签署了《北极环境保护宣言》。此宣言的签署引发保护北极环境的系列行动——北极环境保护战略，此战略呼吁北极地区就环境问题进行广泛的合作，建议成员国在北极各种污染数据方面实现共享，共同采取进一步措施控制污染物的流动，降低北极环境污染的消极作用。这个项目汇聚了大量的来自北极八国以及其他国家的科学家，这一项目依据大量技术和科学报告促进了北极治理，最终促进了全球各个层级的北极环境保护制度的建立。

北极环境保护战略项目下各国科学家通力合作所揭示的令人触目惊心的事实和变化规律催生了大量的北极治理机制安排。从层次上看，北极治理囊括了从全球、区域、次区域到多边和双边的协议。全球性的协议如《联合国气候变化框架公约》《联合国海洋法公约》和《关于持久性有机污染物的斯德哥尔摩公约》；区域性协议如《斯匹次卑尔根群岛条约》《保护北极熊协定》和《北极搜救协定》；次区域相关机制有巴伦支海的挪威—俄罗斯渔业机制和萨米议会委员会等；而跨边界的国家性安排则有加拿大的野生动物共同管理机制以及与土著居民的权利相关的土地协议等。从参与治理的国际组织行为体来看，也较为多元和丰富。其中包括联合国机构和项目，比如国际海事组织、世界卫生组织、联合国环境规划署和联合国开发计划署等；区域性机构，比如区域性渔业管理组织；特别为北极治理而成立的机构，比如北极理事会的工作组；还有北极原住民组织；次国家组织，如北方论坛；以及非政府组织，如国际科学理事会、国际船级社协会以及国际海洋考察理事会等。

无论是全球性的、区域性的还是双边的国际机制安排，对科学知识和科学家团体的需求都是显而易见的，这与其涉及的气候变化、能源合作和环境污染等问题领域专业化程度高有很大关系。可以说，科学家团体存在于北极治理的各个层面，他们以国际组织和非政府组织的专家团队或独立的国际科学家组织的形式出现。

第一种形态是国际组织中的工作组。根据 1991 年启动的北极环境保护战略，北极国家同意在其下设立四个工作组来搜集科学证据并制定解决方案。四个工作组分别是北极监测与评估工作组（AMAP）、北极海洋环境保护工作组（PAME）、北极动植物保护工作组（CAFF）和突发事件预防反应工作组（EPPR）。在北极理事会成立后，这四个工作组被纳入其中。后来又增加了可持续发展工作组（SDWG）和北极污染行动计划（ACAP）。此外，2011 年 5 月 12 日北极理事会努克会议发表的《努克宣言》，宣布成立管理生态体系的专家组，负责向北极理事会高官建议生态环境领域值得讨论的议题。北极理事会还有北极海洋油污预防工作组（TFOPP）、炭黑和甲烷专门工作组（TFBCM）、科学合作工作组（SCTF）和促进环北极地区经济论坛工作组（TFCBF）这四个特别工作组。

第二种形态是非政府组织的专家团队和相关智库。国际北极科学委员会（IASC）是一个非政府组织，旨在鼓励、帮助和推动致力于北极研究的所有合作，下设工作组、行动组和顾问组。工作组界定和形成科学规划及研究重点，发起和支持基于科研的项目，培养未来的北极科学家并充当北极理事会的科学顾问委员会。行动组就长期活动和紧急行动向理事会和工作组提供战略建议。顾问组则集中关注研究课题的结构性需求。国际北极科学委员会虽然不资助科研项目，但是为不同国家和地区的科学家提供重要的主题网络（thematic networks）助其完成科研项目。当然，此委员会的重要工作还在于举办年度的北极科学高峰周会议（ASSW）以及与其合作伙伴定期召开国际北极研究计划大会（ICARP）。

第三种形态是政府资助的科学团体。新奥尔松科学管理者委员会就是挪威政府资助的北极研究基地，其宗旨是管理科学研究活动，推动不同科研机构之间的交流与合作以及保护当地的环境和文化。虽然是由单个国家政府资助的科学研究基地，但新奥尔松科学管理委员会也是以推动跨国科研合作及提升自己在国际科学共同体中的地位为己任。

特别值得注意的还有北极大学联盟和各类涉北极的专业学会。北极大学联盟主要由北极国家大学和科学研究组织共同组建的大学联盟，在北极理事会鼓励下于 2001 年 6 月成立。北极大学联盟致力于北极教育与研究，其目标是通过合作研究来推动环北极地区的可持续发展和原住民文化的保护，亦是许多研究北极的科学家交流观点和分享成果的重要平台。国际北极社会科学联合会（IASSA）是建立在自愿会员制基础上的涉北极社会科学研究者的联合会，其目的在于在更广泛和更包容基础上来定义北极和社会科学。联合会的成立适应了扩大北极社会科学交流的趋势，回应了北极变化对社会的影响以及北极治理的需求。国际北极社会科学联合会最重要的活动是汇聚、宣传和交流北极社会科学研究信息，召开国际北极社会科学大会，指导和开展北极社会科学研究。社会科学与自然科学之间有机合作，从整体上加强知识存量的积累，增加了北极治理制度变迁的动力。

三、认知共同体在北极治理中的作用

国际著名的治理学者奥兰·杨认为，由于各自的经济、政治和文化立场，国际治理中各利益攸关方之间可能会产生分歧。作为一种外交工具，科学可以在促进各利益攸关方的合作上发挥重要的政策作用。^① 从南极治理的经验看，科学可以为稳定的国际治理提供坚实的基础。科学家和政策制定者一旦克服了最初的偏见并建立了互相之间的尊重和信任，认知共同体成员将会促成许多富有成效的对话。这对解决环境、生态和可持续发展问题会起到积极的作用。在过去的 50 多年间，科学家已经为各国在南极条约体系的和平目标及国际合作中提供了共同语言和坐标系，使得不同政治和文化背景的国家，朝向一个共同治理的方向努力，以促进不同利益群体在国际治理体系中的持续合作。^② 虽然北极地区不可能建立一个类似南极条约的治理体系，但北极事务相关各方应当从中学习经验，思考北极治理的方式和方向，让科学的发展与促进人类共同利益相一致。

极地科学家组织符合认知共同体的特点。无论是议程设置还是建章立制，认知共同体都具备在北极治理的进程中发挥显著作用的能力。一方面，科学家组织通过长期的科学研究界定北极事务中的问题属性并致力于让决策者意识到并行动起来以应对北极地区面临的挑战；另一方面，极地科学家组织又是重要的跨国行为体，能够利用他们的跨国网络传播和巩固已经形成的共识和话语，促进北极治理的国际合作和制度建设。认知共同体的作用体现在北极治理中的各主要阶段。

在第一个阶段，认知共同体的主要作用是识别和提出问题。应该看到，北极问题在国际政治中的"升温"在很大程度上与北极地区的气候和环境变化问题相关。北极监测与评估工作组于 2011 年发布《北极地区的雪、水、冰和永冻层》的报告。^③ 证实了北极地

① Oran R. Young and Paul Arthur Berkman, "Governance and Environmental Change in the Arctic Ocean," Science, Vol. 324, April 17, 2009.

② Paul Arthur Berkman (ed), *Science Diplomacy: Antarctica, Science, and the Governance of International Spaces*, Washington, D. C. Smithsonian Institution Scholarly Press, 2013, pp. 299 – 310.

③ AMAP, *SWIPA* 2011 *Executive Summary: Snow, Water, Ice and Permafrost in the Arctic*, 2011. http://www. amap. no/swipa/

区温度升高的事实，极大地影响了公众和决策层对北极地区的认知。北极地区调节着全球气候，在全球气候变化的大背景下，北极地区气候系统的各圈层都发生了近400年来最快速的变化，甚至超过了科学家们的预期。正因为如此，决策者和公众对北极的关注度也在不断增加。国际科学界将发生在北极错综复杂的环境变化称为"尤娜谜"（unaami），这个源自北极原住民因纽特人的词汇意思是"不可知的明天"，借此表达了全世界科学家对北极环境变化不可预知、不可控制的未来的担心。根据中国海洋大学赵进平教授的总结，"尤娜谜"现象主要有以下表现：1. 北极陆地地面气温持续升高。2. 北冰洋海冰覆盖减少。3. 格陵兰冰盖边缘消融。4. 大陆雪盖和冻土覆盖面积减少，冻土消融，冻土带北移，常年冻土层、季节性冻土和河湖冰减少。5. 淡水径流、雨量和融雪增加，降低了北冰洋海上盐度，对世界大洋的深层水循环产生影响。6. 海洋增温。7. 北极气压下降。① 这些科学界对北极自然变化问题的界定关乎地球和人类未来，自然提升了北极在国际事务中的关注度。

在第二个阶段，认知共同体的作用是传播新的观点和形成社会共识。事实上，北极治理中的认知共同体一直致力于将科学研究变为公众意识。在北极自然气候和环境变化及人类应对措施上，挪威科学家在国际极地年的倡议下曾经主办过一个为期三年的名为"科普廊"（SciencePub）的项目。即通过积极的宣传活动，不断提高公众对北极自然环境的认知。这些宣传活动包括：建立涵盖全部合作机构的信息共享网络，培训科技记者及开办可视化和流动展览等。② 值得注意的是，在培养公众和决策者共识的过程中，认知共同体时常会和非政府组织合作。事实上，后者最为公众所熟知的角

---

① 《北极气候变化引起的政治角逐》，中国气候变化信息网，http：//www. ccchina. gov. cn/ Detail. aspx？ newsId = 40378&TId = 58.

② 具体内容可参考 http：//www. ngu. no/sciencepub/eng/。

色正是倡议网络的角色，即通过动员公众舆论，达到直接或间接地向有影响力的政策网络和团体施压的目的，从而寻求影响和改变政策。① 举例来说，北极渔业问题能够迅速成为热点的重要原因之一就在于科学家们的倡议和环境非政府组织的游说。2012 年 4 月在加拿大蒙特利尔召开的国际极地年会上，美国皮尤慈善信托组织（The Pew Charitable Trusts）向参会者散发了一份由全球 2000 位科学家签名的倡议信，呼吁各国政府签署一项北极渔业国际协议，防止北冰洋公海区域出现不受节制的大规模工业捕捞。这份倡议书建议在充分的科学调查完成之前，暂停在北冰洋核心区的商业化捕捞。② 可以看到，这些现象在成为科学界的共识之后，经由媒体的介绍和传播已经形成了某种共识性话语，渗入决策者和公众的话语体系，并随之进入决策者政策考量的范围之中。北极治理中的许多制度正是为了解决上述某些问题而建立的。

在第三个阶段，认知共同体能够为决策者提供政策选择的依据。作为北极治理中最为重要的工作平台，北极理事会的各工作组在 2013 年的第八次部长会议上发布了多个科学研究基础上的评估报告，如《北极生物多样性评估》《北极海洋评估报告》等，对北极环境现状进行了科学评估，并提出了一系列后续措施和指导建议。而 2013 年通过的《北极海洋石油污染预防与应对合作协定》是北极理事会成立以来继《北极搜救协定》之后的第二份具有法律约束力的专门协定。这份协定是北极国家试图遏制未来北极大规模油气资源开采的一项预防措施，亦可被视为北极理事会将保护北极地区环境与生物多样性置于优先地位的态度宣示。尽管不能将政策

① ［美］玛格丽特·E·凯克、凯瑟琳·辛金克著，韩召颖、孙英丽译：《超越国界的活动家：国际政治中的倡议网络》，北京大学出版社，2009 年版。

② *International Scientists Urge Arctic Leaders：Protect Fisheries in the Central Arctic Ocean.* http：//www.pewtrusts.org/en/projects/arctic-ocean-international/solutions/2000 – scientists-urge-protection.

选择完全归因于认知共同体，但显然后者对高度专业化的知识和信息的掌握为决策者提供了政策选择的依据，便于决策者在现有政策中进行选择以确定议程中的优先项。

在第四个阶段，认知共同体的作用是通过制度设计保持政策的持续性。第四个阶段是前三个阶段的深化和制度化。推进国际治理不可能一蹴而就。以认知共同体的路径来认识和分析北极治理并不意味着北极治理领域是一块不存在利益算计和权力博弈的净土，相反，随着北极蕴藏的丰富资源日益被发掘，围绕这片区域所进行的政治和经济角逐也就渐趋紧张。在许多情况下，认知共同体能够发挥的作用也会受到政治斗争和压力的制约。不同的国家和利益团体之间的纷争也会动摇刚刚建立起来不久的治理共识。一些国家和产业也会因为经济和政治环境的变化而对治理的国际合作改而采取消极的政策。因此建立稳固的制度是确保政策持续性的关键。认知共同体在协助建构治理制度的同时，也将自己的影响力机制化了。再以北极深海渔业治理为例，科学家与非政府组织合作，不仅完成了请愿活动，对公众进行宣传，对各国政府施加压力。他们用了五年左右的时间，与各国政府、专家学者、渔业领袖以及原住民领袖广泛座谈，寻求达成一个保护北极深海渔业的国际协定。① 2015 年 7 月在科学家和非政府组织的推动下，北冰洋国家政府签署了一个非约束性的共同声明，不再批准本国渔船到相关海域捕鱼。

综上所述，跨国的治理制度是维护国际社会正常秩序以及实现可持续发展的规制体系。治理的主要行为体是相关国际组织，因为现代全球治理的高度复杂性，国际组织需要合法性和权威性，需要科学依据和治理工具的支撑，需要在价值观和伦理层面进行科普教

---

① Scott Highleyman, *Negotiations for a Central Arctic Fisheries Accord Advance*, December 15, 2016. http://www.pewtrusts.org/en/research-and-analysis/analysis/2016/12/15/negotiations-for-a-central-arctic-fisheries-accord-advance.

育和舆论引导。在调整北极治理的国际制度时，需要完善以调节国际关系和规范国际秩序的所有跨国性原则、规范、标准和程序。在此过程中，科学家运用他们所掌握的科学知识来设计和改善北极治理制度的能力十分显著。以科学家为核心的认知共同体是要通过知识的权威以及制度的设计能力作为合作资本，在获得参与治理的影响力和合法性的基础上，更广泛地动员社会资源去实现治理的目标。① 科学家可以向北极治理提供制度建设所需要的信仰系统。新的知识体系一旦得到社会广泛认可，就会激发社会治理制度的重新安排，也会鼓励各国政府加强对科学研究的投入。科学家将传统知识与现代科学有机地结合起来，将科学发现、经验和信息变成系统化的知识，通过加强国际间的学习交流和科技合作，从整体上加速了知识存量的积累，增加了北极治理制度变迁的动力。

---

① Report of the Arctic Governance Project, *Arctic Governance in an Era of Transformative Change*: *Critical Questions*, *Governance Principles*, *Ways Forward*, http://www.arcticgovernance.org.

第三章

科学家的知识贡献：基于国别和领域的计量分析

长期以来，由于北极天寒地冻，交通不便，生存条件差，人类对北极的研究甚少，关于北极知识的积累严重不足。如今无论是北极自然资源开发和经济可持续发展，还是应对气候变化和保护生态都迫切需要科学知识作为依据。基于科学调查的数据可以更为准确地预测未来的变化；对生态系统和物种生存条件的研究有利于制定出保护生态的办法；在北极进行技术革新有利于提高北极经济开发的生产能力和环境保护能力。所有这些都需要科学家的精力和智慧的投入。只有加强北极地区科学研究，才能有效地评估北极当前的自然状况，并培养起长期观测的能力以及科学推演北极和世界未来变化的能力。

第一节　分析方法和工具介绍

关于北极的科学研究很早就开始了，但先前的研究大多是零星的、分散的，或基于科学家的个人兴趣，或基于相关北极国家北方地区发展的需求。应当说，科学家真正有意识地配合北极治理开展研究并贡献知识是从 20 世纪 90 年代开始的。1996 年北极最重要的治理组织——北极理事会成立，其成员国包括美国、俄罗斯、加拿大、挪威、瑞典、丹麦、芬兰、冰岛。中国是在 1996 年加入国际北极科学委员会的。对于北极研究来说，1996 年是一个重要年份，它可以作为统计科学家对北极治理有意识贡献知识的起始年份。

　　研究科学家对治理知识的贡献，必须基于学科领域分类加以统计和研究。科学界有着缘自学科联系性和逻辑性的图书馆式的分类方法。然而本书重点是研究极地科学知识与治理的相关性，因此采用了世界经济论坛（World Economic Forum）一个专门报告的分类方法。世界经济论坛曾经召集了自然科学家、社会科学家、政府官员、行业领袖、外交官、国际法专家共聚一堂，研究北极治理全球议程设置，并撰写了名为《揭开北极神秘面纱》（Demystifying the Arctic）的专门报告。报告指出，北极治理所需要的科学研究是综合性多学科的，既包含基础性的研究，也包括许多应用性的研究。北极治理所需的重点科学研究包括以下六个方面：1. 北极海洋地质和海洋学研究；2. 海冰、永冻层和冰川学研究；3. 大气科学研究；4. 北极生态系统研究；5. 北极自然资源分析；6. 应用科学及工程开发。[①]

　　北极海洋地质和海洋学重点解决北冰洋洋底壳、大陆壳和大陆边缘测绘不足的问题，以及海底地质采样数据数量奇缺的问题。这种严重的信息缺乏限制了人们对北极海底及其资源的年龄和起源的认识。测绘北冰洋海底等深线难度很大，但它对于模拟洋流以及洋流对气候的影响，甚至对开发安全航道都是至关重要的。北冰洋目前只有大约 8% 水域的海图达到国际标准。尽管水体的化学性质和生物多样性提供了海洋环流和生物繁殖率的信息，但围绕这一领域

[①] World Economic Forum Global Agenda Council, *Demystifying the Arctic*, January 2014, pp. 13 –14.

的抽样调查和样本研究却相当不足。北冰洋吸纳了世界上大约10%的淡水河流流量，其中主要包括了俄罗斯联邦北冰洋沿岸的大多数河流。这些河流在气候变暖的条件下向北冰洋输送了大量的淡水生物和水污染物。这些淡水生物和水污染物对脆弱的北冰洋生态系统的影响过程和后果尚不明确，对相关海岸河口地区的研究有待加强。

关于海冰、永冻层和冰川学的研究对于人类了解和解释不断融化和萎缩的北极冰冻圈十分重要。海冰范围和季节性海冰厚度逐渐减少的事实表明，北极气候变暖速度远远超过了全球平均水平。对海冰的范围、厚度、漂移、分布以及物理特性的观察，对海洋、冰、大气相互作用的研究有助于人类对北极升温与全球气候相互作用的认识。围绕海洋生态系统健康、海洋的酸化、气候的反馈循环、地球上的能量平衡和海洋可及性研究都需要对北极海域进行长期的观测和模拟。北极陆地永冻层土壤解冻很有可能释放出大量的二氧化碳和温室气体甲烷，这对全球应对气候变化又增添了新的问题。更好地理解和模拟这些现象需要综合性的卫星监测、实地考察和现场仪器观测，同时结合对冰盖滑动地球物理学和永冻层稳定性的基本理论开展研究。

大气科学研究在北极的重点是研究北极大气的区域系统以及它对世界其他地区天气系统的影响。充分的监测和预测区域天气系统对北极海洋作业、海上搜救有很大帮助。工业过程中未经充分燃烧的颗粒污染物借助于风力从远距离外被带到北极，并对北极气候、环境和生态带来的影响，这些需要进一步研究；拓展气候观测网络和坚持长期记录气候都是研究数据获得的必要条件。

北极海洋和陆地生态系统以及公众安全与健康需要更加深入的生命科学研究。科学家已经证实，气候变化正对北极生态系统造成重大威胁，包括物种范围变化、湿地丧失、海洋食物链被破坏等。

北极治理需要了解气候变化以及人类在北极经济活动的增加对北极物种及其多样性的影响，比如说北极驯鹿、北极熊、海象、独角鲸和候鸟种群所受到的影响。北极治理需要了解气候变化及人类活动如何对北极物种迁徙、繁殖行为构成障碍，以及海上溢油等环境污染如何对脆弱生态造成影响。这些知识的获得以及基于这些知识的应对措施是开发北极资源的必要条件。

北极自然资源丰富，北极的煤矿、金属、石油、天然气、鱼和生态旅游都是重要自然资源。但这些丰富的资源却储存于生态脆弱和生产条件十分恶劣的环境之中。所以对北极自然资源的探测和研究，除了勘测和测量北极自然资源储量外，还要同时进行开采的环境风险、生产安全风险和生态敏感性评估和研究。

应用科学及工程技术研究呼应了北极治理对技术的需求。开发和利用新的低排放技术，采用无人操作的自动化和智能化观测技术都是目前北极急需的治理手段。与勘测、远程数据采集、能源生产、水上交通安全、搜索与救援、可持续渔业和资源开发相关的技术进步是北极治理中最需要优先发展的领域，是解决经济开发与环境保护矛盾的必要技术准备。北极理事会下属工作组目标的达成，无论是北极环境监测还是动植物保护，无论是海洋环境保护还是污染物的处理，无论是突发事件应急还是船舶航行，都需要应用科学的支撑和技术手段的创新。围绕通信、破冰、交通运输、基础设施和物流领域的应用研究对于人类在北极未来活动的安全性和环境保护能力是至关重要的。

上述每一个领域的知识积累都有助于人类理解北极地区的变化并依此开展北极治理。这些研究需要各国政府、跨国公司、国际组织及非政府组织的投入和资助。但起直接作用的是从事研究和观测的科学家群体。面对快速变化的北极，各国政府和相关基金会加大了对北极科考的针对性投入。来自北极国家和重要域外大国的科学家投身北极研究，为迅速弥补北极科学知识的不足做出了贡献。这些知识贡献对北极治理起到了无可替代的作用。这些成果在学术界的分享是以科研论文的形式发表和呈现的。

为了探讨 1996 年北极理事会成立以来北极治理所需六大重点科学研究投入与产出的分布情况，本书选取 8 个北极理事会成员国、3 个欧洲大国（英国、法国、德国）以及 3 个亚洲国家（中国、日本、韩国）作为典型国家进行科学论文的统计和分析，科学论文选自 Web of Science。Web of Science（简称 WoS）是美国汤姆森科技信息集团基于 Web 开发的产品，是大型综合性、多学科、核心期刊引文数据库。本书选取 WoS 数据库下的 SCIE（Scientific Citation Index Expanded）子库，以 Arctic *、Greenland、Svalbard 及 Scandinavia 等词构建北极的检索字段，选择六大重点科学研究所涉及的学科，如 "Geochemistry & Geophysics" "Astronomy & Astrophysics" 等词构建六大重点科学研究方面的检索字段。按国别统计时，将北极六大重点科学研究的检索字段与国家字段进行 "与" 运算来构建检索策略；按领域统计分析时，将北极与六大重点科学研究的检索字段进行 "与" 运算来构建检索策略，时间跨度选择 1996—2013 年（本书检索日期为 2014 年 6 月 8 日）。SCI 被公认为世界范围最权威的科学技术文献的索引工具，能够较为全面、及时地反映科学技术领域最重要的研究成果，已被学术界作为评价学术水平的一个重要标准。SCIE 是 SCI 的扩展版。SCI 论文以期刊论文被引用的频次作为评价指标，被引频次越高，则影响力就越大。

除了世界经济论坛在北极治理报告中提到的六大重点自然科学研究，考虑到社会科学在北极治理与自然科学之间起到重要的桥梁作用，本书另对北极社会科学相关论文进行收集与分析，选取 Web of Science 数据库下的 SSCI（Social Sciences Citation Index）子库，使用 Arctic *、Greenland、Svalbard 及 Scandinavia 等词进行检索式的构建，对检索到的文献进行学科分类，结合北极治理所涉及到的主要学科及学科文献量，有选择性地开展统计和分析。

本书主要采用文献计量方法对各国涉北极治理论文数量和被引数量按出版年进行统计分析，同时对六大重点自然科学研究及社会科学中的重点学科涉及的关键词或基金机构进行统计分析，并结合高频关键词共现研究方法及工具对高频关键词绘制共现网络图，有助于我们直观地了解当前北极治理各领域的主要研究问题及发展趋势。在国别分析方面，除了总体比较外，将北极理事会成员国，北大西洋一侧的英国、法国和德国，以及东亚的中国、日本、韩国分为三组分别进行比较；在领域分析方面，除了关键词和基金机构的数量统计，还对关键词的国别特征以及国家基金资助机构的主要领域进行了分析，以期比较各国政府及相关基金会在资金投入量以及重点投入方向上的差异和变化。

本书所统计得到数据将采用三线表进行展示，同时将有年代特征的数据有选择性地绘制成曲线图，以便直观地看出其变化趋势。社会网络分析工具绘制的关键词共现网络图由节点与连线组成，其中节点表示关键词，连线表示其两端的关键词出现在同一篇文章中，节点的大小表示关键词的中心度。同一关键词在统计文献中出现得越多，该关键词节点则越大；连线的粗细表示关键词共现的次数的多少，连线越粗，则表明两端的关键词共现的次数越多。

第二节 各国发表论文数量统计与分析

一、发表论文数量

根据所构建的检索策略得到所选 14 个国家的北极治理文献数

量如表 3-1 所示，按照文献量从多到少进行排列，发现北极理事会成员国相互之间文献量落差较大。北极国家的科学家发表论文总量从多到少依次排列如下：美国、加拿大、挪威、丹麦、俄罗斯、瑞典、芬兰、冰岛。非北极国家的科学家发表论文总量从多到少依次摆列如下：德国、英国、法国、日本、中国、韩国。德国与英国作为北极域外国家，从文献量角度来看，其对北极科学研究的贡献较大；中国、日本及韩国作为北极域外亚洲国家，由于地理位置的限制，以及起步较晚和投入不足等方面的原因，科研产出也相对较少。图 3-1 是对应各国文献数量的分布情况。

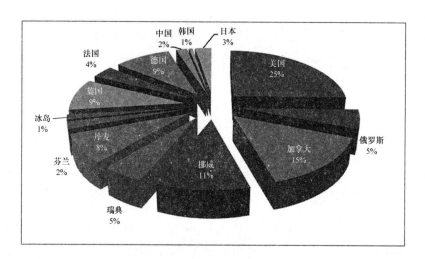

图 3-1 各国文献占比分布图

表 3-1 各国文献总数量统计表（1996—2013）

序号	国家	文献量	序号	国家	文献量
1	美国	6277	8	瑞典	1233
2	加拿大	3674	9	法国	903
3	挪威	2704	10	日本	669
4	德国	2290	11	芬兰	542

序号	国家	文献量	序号	国家	文献量
5	英国	2276	12	中国	451
6	丹麦	1993	13	冰岛	354
7	俄罗斯	1358	14	韩国	152

表3-2是将各国北极治理文献按发表年份进行归类的统计情况表。

表3-2 各国1996—2013年发表SCI论文数量

年份	美国	加拿大	挪威	德国	英国	丹麦	俄罗斯
1996	180	120	56	59	54	43	45
1997	260	127	73	101	59	81	62
1998	207	116	87	80	91	64	55
1999	209	134	99	118	65	82	63
2000	263	106	112	98	87	106	73
2001	300	135	119	94	100	94	57
2002	324	184	133	116	117	107	68
2003	314	137	142	122	101	98	66
2004	327	147	137	138	119	114	68
2005	358	237	158	154	126	94	86
2006	349	195	153	118	127	120	63
2007	367	207	164	119	135	101	74
2008	422	283	176	135	132	113	77
2009	410	282	184	152	169	110	87
2010	397	276	192	135	154	131	100
2011	498	297	252	148	191	132	90
2012	538	353	231	190	219	188	108
2013	554	338	236	213	230	215	116

续表

年份	瑞典	法国	日本	芬兰	中国	冰岛	韩国
1996	33	30	14	10	0	8	2
1997	20	40	23	22	3	15	1
1998	42	39	20	17	1	8	2
1999	39	28	25	26	5	6	3
2000	40	22	25	20	1	17	1
2001	61	38	21	34	9	13	4
2002	63	49	43	38	9	23	0
2003	45	36	46	32	12	16	4
2004	55	36	34	13	15	18	6
2005	65	46	46	34	27	20	3
2006	72	46	40	28	21	16	1
2007	65	50	42	26	22	25	12
2008	98	52	38	29	24	21	11
2009	94	65	41	31	43	25	13
2010	96	54	42	38	48	24	16
2011	116	73	51	45	49	32	21
2012	113	97	67	41	75	32	29
2013	116	102	51	58	87	35	23

结合表 3-1、图 3-1 和表 3-2 可以看出，美国的 SCI 发文量最高，达 6277 篇，年均发表 SCI 论文数量在 350 篇左右。虽然这与本书选取的数据库覆盖美国期刊较多有一定的关系，不过仍能从一个侧面反映了美国的国家资助能力和学科的系统性。其次是加拿大，3674 篇，年均发文量在 200 篇左右，这与加拿大在北极的地缘优势有很大的关系，加拿大有大量国土处于北极圈内，西北航道也在加拿大沿岸水域经过，而且加拿大的北极政策是其国家战略的核心部分，尤其近几年加拿大开始试图加强其对北极地区领土主权的

掌控度，这势必会让加拿大对北极治理研究领域的重要问题给予关注。挪威的发文数量紧随其后，年均发文量在 150 篇左右，名列北欧国家的第一位。其北极科学研究水平在北极理事会成员国中也是比较高的。从发表 SCI 文献量上来看，芬兰和冰岛北极治理的研究水平相对其他北极理事会成员要稍微弱一些，年均发文量分别为 30 篇左右和 20 篇左右。

对位于北大西洋一侧的德国、英国和法国进行比较。德国、英国这两个国家的文献数量基本持平，作为非北极地区的国家，能够有如此高的北极研究水平，说明其对北极的科学研究投入与产出较多，其北极科研成果具有较大的参考价值。而法国作为一个非北极国家，同时也作为欧洲的大国之一，其年均发文量在 50 篇左右，相对来说在科研产出这方面有些差强人意。这也说明法国政府和科学界对北极研究重视不够，投入不足。

对东亚三国进行比较。亚洲地区的日本是一个涉入北极研究较早的国家，从文献量的角度来看，在这 18 年间共发表相关文献 669 篇，年均发文量在 37 篇左右，超过芬兰、中国、冰岛以及韩国。中国在 1996 年成为国际北极科学委员会的成员，对北极的科学探索正式开始，从 1997 年开始有少量关于北极治理的文献出现。1996 年到 2013 年年均发文量在 25 篇左右。进入 21 世纪之后，文献量有了较快的增长，反映了国家投入的增加和科考水平的提升。韩国北极治理的研究文献数量最少，在 2006 年仅有 1 篇文献被收录，说明其北极治理科研起步较晚，2006 年之后，文献量保持持续上升的趋势。

结合图 3-2、图 3-3、图 3-4、图 3-5 可以看出，从文献数量总体趋势上看，各国文献量大致呈现逐年上升的趋势。这说明北极科学研究的紧迫性以及科学家群体对北极的关注度都在提升，同时也说明相关国家政府和国际组织对北极研究的投入在增加。

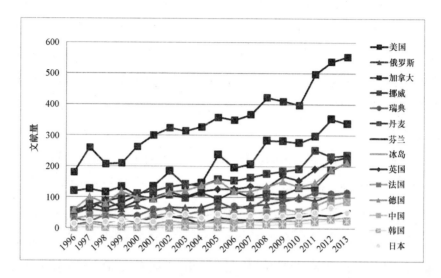

图 3-2　各国各年文献量变化曲线图

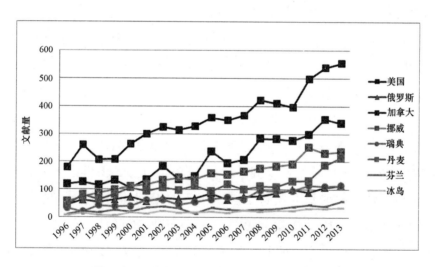

图 3-3　北极 8 国各年文献量变化曲线图

由图 3-3 可以看出，北极理事会成员国中的美国和丹麦文献量上升趋势相对更大；加拿大与挪威文献量虽呈现上升趋势，但是近两年文献数量稍有下降，但总体上升趋势大于下降趋势；俄罗斯、瑞典、芬兰以及冰岛年发文量有轻微的波动，但总体趋于缓慢上升的趋势。

由图3-4可以看出，欧洲三国中英国和德国齐头并进，呈现较大的上升趋势；法国虽然文献量稍逊一筹，但从文献量的总体趋势上看，呈缓慢上升势头。

由图3-5可以看出，中国关于北极治理研究的初期文献量较少，2000年之前年发表文献量不超过5篇，但进入21世纪之后，文献量迅猛增长，文献量上升趋势比其他国家都要大。日本在2001—2002年以及2010—2012年期间文献量上升趋势较大，其他年间文献量基本趋于稳定，早期日本文献量比中国和韩国都多，但2009年之后中国年发表文献量均超过同期日本文献量，这也反映了中国对北极治理研究科研产出越来越多，而日本则没有大的增长。韩国虽在北极治理的研究水平总体不高，但2006年之后，文献数量快速增长，说明其对北极治理问题的关注度也有所提升。

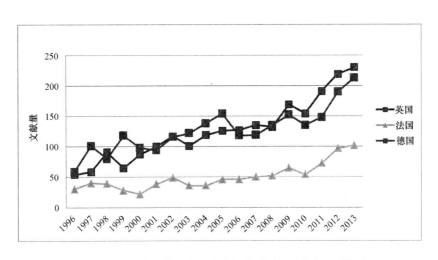

图3-4　英、法、德三国各年文献量变化曲线图

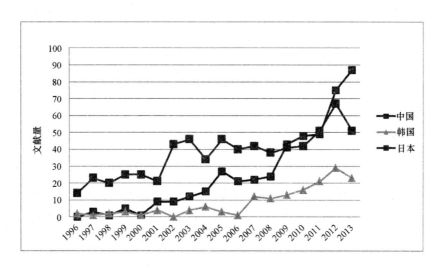

图3-5　中、日、韩三国各年文献量变化曲线图

二、各国发表 SCI 论文被引次数

表3-3　各国各年 SCI 论文被引数量

年份	美国	加拿大	德国	英国	挪威	丹麦	瑞典
1996	73	39	26	9	19	13	3
1997	447	210	163	90	117	76	53
1998	1004	451	377	304	345	246	110
1999	1979	853	900	508	517	517	253
2000	2839	1256	1082	696	720	856	327
2001	3689	1533	1350	1036	941	1074	501
2002	5119	2139	2101	1573	1384	1420	645
2003	5590	2345	2066	1723	1629	1471	724
2004	6232	2828	2266	1758	1875	1691	908
2005	7499	3582	2775	2260	2333	1864	1056

年份	美国	加拿大	德国	英国	挪威	丹麦	瑞典
2006	8339	3948	3084	2559	2728	2275	1197
2007	10637	4634	3618	3216	3323	2631	1575
2008	12966	6070	4495	3894	4289	3499	2054
2009	13824	6837	4665	4576	4634	3755	2376
2010	15455	7865	4878	5120	5247	4036	2659
2011	19345	9141	5730	6175	6197	4734	3591
2012	21916	10697	6375	7298	6802	5520	3771
2013	23057	11329	7000	7958	7627	6120	4212
年份	法国	俄罗斯	日本	芬兰	冰岛	中国	韩国
1996	12	3	0	3	2	0	0
1997	60	45	25	34	5	1	2
1998	183	131	45	82	41	0	7
1999	354	255	115	147	97	4	6
2000	437	350	136	188	165	7	29
2001	563	454	211	235	213	14	28
2002	781	590	371	356	267	20	34
2003	779	753	342	378	287	23	26
2004	823	881	367	379	357	52	40
2005	938	1043	501	461	405	79	45
2006	1110	1157	565	514	422	127	65
2007	1489	1416	654	588	603	199	59
2008	1582	1725	814	759	648	201	58
2009	1788	1798	1046	831	731	311	79
2010	2137	1920	1150	883	811	441	122
2011	2427	2421	1472	1208	945	720	189
2012	2818	2294	1585	1320	1028	927	237
2013	3234	2784	1804	1540	1017	1087	322

表 3-3 列出了各国 1996—2013 年间各年的 SCI 被引量，可以发现美国占据绝对的优势，年均被引次数达到了 8889.4。其次是加拿大，达到 4208.7，这与美国和加拿大的发文数量是一致的。德国与英国 SCI 发文量相差不大，其 SCI 被引量差别不大，德国比英国略高一些。而挪威的发文量比德国和英国多了大概 500 篇，但是平均被引率却小于德国和英国，说明德国和英国论文的质量较高或关注度更大。冰岛的 SCI 发文量比中国少了接近 100 篇，然而冰岛的 SCI 论文平均被引率是中国的一倍之多，说明冰岛的论文质量更高或关注度更大，中国论文的参考价值有待提高。

第三节 北极治理七大领域研究现状

一、北极海洋地质和海洋学研究

通过构建的检索策略，共检索得到北极海洋地质和海洋学相关学科论文 8141 篇，在此基础上对其涉及关键词及基金资助机构进行统计分析。

表 3-4 列出了文献量不少于 30 篇的关键词，可以看出对气候变化、海冰、全新统、同位素、永冻层、沉积物等研究较多。图 3-6 是高频关键词共现网络图，结合表 3-4 和图 3-6 可以发现，该领域获得科学数据的关键区域包括了格陵兰、北冰洋、斯瓦尔巴群岛、波弗特海、白令海峡等，其中关键词北极与斯瓦尔巴群岛之间的连线较粗，说明斯瓦尔巴群岛作为一个北极研究的重要基地扮演着重要的角色，斯瓦尔巴群岛地区被研究的频率较高。斯瓦尔巴群岛的新奥尔松地区所提供的科研保障服务和斯瓦尔巴地区特殊的地理环境吸引着各国科学家前往驻点开展研究。从研究内容的

角度来看，涉及到的关键词包括气候变化、海冰、全新统、永冻层、沉积物、硅藻类等等，其中以气候变化和海冰之间的连线较粗，说明科研人员对海冰消融与气候变化的关联度十分关注；从研究的技术手段来看，涉及到的关键词包括同位素、遥感、二氧化碳、模型等等，其中将同位素技术应用到北极海洋地质和海洋学的研究最多。

表 3 - 4　高频关键词统计表（文献量 > =30）

序号	英文关键词	中文关键词	文献量	序号	英文关键词	中文关键词	文献量
1	Arctic	北极	592	21	remote sensing	遥感	44
2	Greenland	格陵兰（岛）	454	22	Antarctica	南极	43
3	climate change	气候变化	280	23	Chukchi Sea	楚科奇海	41
4	Arctic Ocean	北冰洋	274	24	Geochemistry	地球化学	40
5	Svalbard	斯瓦尔巴（群岛）	238	25	Geochronology	地球年代学	40
6	sea ice	海冰	237	26	Barents Sea	巴伦支海	39
7	Holocene	全新统	121	27	Canadian Arctic Archipelago	加拿大北极群岛	39
8	Isotopes	同位素	121	28	zooplankton	浮游动物	39
9	permafrost	永冻层	93	29	Little Ice Age	小冰期	37
10	Beaufort Sea	波弗特海	85	30	nutrients	营养素	36
11	sediments	沉积物	69	31	polar bear	北极熊	36
12	Archaean	太古代	68	32	phytoplankton	浮游植物	35
13	ionosphere	电离层	66	33	distribution	分布	34
14	diatoms	硅藻类	64	34	Carbon	二氧化碳	33
15	Iceland	冰岛	64	35	modeling	模型	32

续表

序号	英文关键词	中文关键词	文献量	序号	英文关键词	中文关键词	文献量
16	Bering Sea	白令海峡	62	36	Paleolimnology	古湖沼学	32
17	North Atlantic	北大西洋	61	37	primary production	初级生产力	32
18	paleoclimate	古气候	59	38	deglaciation	冰川消退	30
19	Alaska	阿拉斯加	53	39	Zircon	锆石	30

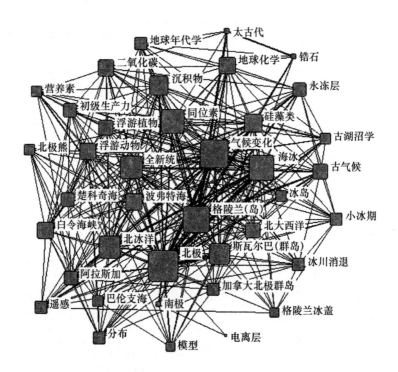

图3-6 海洋地质和海洋学研究高频关键词共现网络图

对高频关键词按照所属文献的出版年进行统计，排除北极、格陵兰、斯瓦尔巴群岛等检索词的影响，可发现近年来北极治理海洋地质领域研究内容的变化及趋势。表3-5列出了一些高频关键词

表 3 – 5　高频关键词 1996—2013 年各年频次统计

年份	1996	1997	1998	1999	2000	2001	2002	2003	2004	2005	2006	2007	2008	2009	2010	2011	2012	2013
气候变化	3	5	2	4	6	8	10	10	29	14	22	15	21	24	25	23	28	31
北冰洋	1	8	4	7	12	7	12	18	24	17	14	13	18	24	19	14	28	34
海冰	4	8	4	4	5	4	14	16	18	12	10	7	18	19	17	12	19	46
波弗特海	0	0	1	3	6	4	9	7	5	4	2	4	10	4	4	5	3	14
格陵兰冰盖	0	1	0	1	2	1	3	1	2	1	1	1	2	3	1	5	11	16
全新统	4	2	1	3	10	4	6	9	9	6	5	6	8	9	7	10	11	11
太古代	2	5	1	2	3	3	7	5	2	5	0	3	5	4	2	4	7	8
硅藻类	3	2	0	1	1	2	6	4	4	6	5	2	3	3	5	3	7	7
北大西洋	0	1	0	1	4	1	9	7	3	4	1	1	4	4	5	4	6	6
同位素	1	3	6	4	1	2	7	8	10	6	7	7	14	10	4	13	10	8
永冻层	1	3	3	4	7	1	6	5	1	10	6	5	4	6	7	5	10	9
沉积物	1	1	4	4	3	2	3	5	4	3	4	6	5	6	4	2	8	4
电离层	0	0	1	0	4	1	6	1	7	6	9	5	9	6	1	5	2	3
冰岛	1	1	2	2	5	5	3	5	4	6	5	2	4	8	2	2	3	4

1996—2013 年各年的频次，可以发现对气候变化、北冰洋、海冰、波弗特海、格陵兰冰盖等研究近年来呈大幅度上升趋势；对全新统、太古代、硅藻类、北大西洋的研究呈波动上升状态；而同位素、永冻层、沉积物等虽是高频关键词，但数量波动较大，说明科学界对这些方面的研究聚焦趋势并不明显。

表 3 – 6 列出了近年来呈现上升趋势的高频关键词主要的分布国家，可以看出除了对波弗特海的研究由加拿大领衔外，对气候变化、北冰洋、海冰及格陵兰冰盖的研究均是美国处于领先地位。与美国全方位的优势相比，其他国家均有自己突出的研究领域，如加拿大注重对波弗特海及海冰的研究，德国对北冰洋研究投入较多，英国对格陵兰冰盖研究更加关注等。中国在这一领域的研究主要集中于北极海冰的变化。

表 3 – 6 呈现上升趋势的关键词主要分布国家表

关键词	主要分布国家
气候变化	美国（103）；加拿大（82）；挪威（50）；英国（40）；德国（33）；丹麦（31）
北冰洋	美国（119）；德国（73）；加拿大（52）；瑞典（37）；挪威（32）
海冰	美国（94）；加拿大（68）；德国（29）；挪威（27）英国（23）；中国（14）
波弗特海	加拿大（59）；美国（39）；日本（5）；波兰（5）；澳大利亚（3）
格陵兰冰盖	美国（23）；英国（19）；丹麦（8）；加拿大（6）；挪威（6）

表 3 – 7 列出了北极海洋地质和海洋学研究中得到基金资助机构发表文献量不少于 35 篇的机构，发现美国国家科学基金会给予的资助最多，其次是加拿大自然科学与工程研究理事会。在文献量不少于 35 篇的基金资助机构中，美国有 3 家机构，加拿大有 3 家机构，欧盟、英国、挪威、俄罗斯、瑞典、中国各有 1 家机构。

表 3 – 7　海洋地质和海洋学研究基金资助机构（文献量 > = 35）

序号	基金资助机构	文献量
1	NATIONAL SCIENCE FOUNDATION　美国国家科学基金会	550
2	NATURAL SCIENCES AND ENGINEERING RESEARCH COUNCIL 加拿大自然科学与工程研究理事会	270
3	NASA　美国国家航空航天局	198
4	EUROPEAN UNION　欧洲联盟	190
5	UK NATURAL ENVIRONMENT RESEARCH COUNCIL 英国自然环境研究委员会	170
6	NORWEGIAN RESEARCH COUNCIL　挪威研究基金会	148
7	RUSSIAN FOUNDATION FOR BASIC RESEARCH　俄罗斯科学基金会	115
8	SWEDISH RESEARCH COUNCIL　瑞典研究理事会	93
9	NOAA　美国国家海洋和大气管理局	53
10	FISHERIES AND OCEANS CANADA　加拿大渔业和海洋部	46
11	ARCTICNET　加拿大北极研究网络	35
12	NATIONAL NATURAL SCIENCE FOUNDATION OF CHINA 中国国家自然科学基金委员会	39

表 3 – 8　基金资助机构（文献量 > = 90）的主要研究主题表

序号	机构	主要研究主题
1	美国国家科学基金会	北冰洋（25）；气候变化（18）；全新统（15）；阿拉斯加（10）
2	加拿大自然科学与工程研究理事会	北冰洋（32）；气候变化（13）；海冰（13）；古湖沼学（11）；浮游植物（11）
3	美国国家航空航天局	格陵兰（岛）（6）；磁层物理学（5）；北冰洋（4）；电离层（4）；极光现象（3）
4	英国自然环境研究委员会	格陵兰（岛）（10）；格陵兰冰盖（6）；海冰（6）；冰川消退（4）；硅藻（3）

续表

序号	机构	主要研究主题
5	欧洲联盟	北冰洋（8）；气候变化（5）；海冰（4）；弗拉姆海峡（3）；地壳带（3）
6	挪威研究基金会	电离层（11）；海冰（8）；等离子体对流（6）；气候变化（5）；复合结构（5）
7	俄罗斯科学基金会	北冰洋（7）；气候变化（4）；数值模型（3）；古地磁学（3）；活性层（2）
8	瑞典研究理事会	格陵兰（岛）（10）；北冰洋（6）；太古代（4）；地壳带（4）；生物地球化学（3）

表 3-8 是文献量不少于 90 篇的基金资助机构对应的主要研究主题，可以发现这些机构对北冰洋、格陵兰、气候变化等主题均投入较多的关注。而不同的机构的研究主题也有其侧重点，其中美国国家科学基金会侧重研究全新统（holocene series）地层，研究区域重点在阿拉斯加地区；加拿大自然科学与工程研究理事会对海冰及浮游植物等主题研究较多；美国国家航空航天局则利用其擅长的空间探测优势对电离层及极光现象等进行研究；英国自然环境研究委员会对北极的自然环境关注较多，更侧重对海冰、冰川消退、硅藻等主题的研究。此外，还有欧洲联盟、挪威研究基金会、俄罗斯科学基金会与瑞典研究理事会均对北极的海洋地质学领域有侧重的研究。

二、北极海冰、永冻层和冰川学研究

冰川学按其研究内容，分为物理冰川学、水文气候冰川学和地质地貌冰川学 3 个分支学科。冰川学是研究地球表面各种自然冰体的学科。自然冰体包括山岳冰川、大陆冰盖、海冰、河冰、湖冰、地下冰、季节性结冰以及积雪和运动中的雪等。早期研究只集中于冰川，现已扩展到研究地表一切形态的自然冰体。

冰雪是地球表面上的宝贵淡水资源，也是寒区自然地理环境的重要组成部分。研究冰雪的开发利用以及预测和防治冰雪灾害，对人类经济活动和社会活动有着十分重要的意义。冰川变化除了影响淡水资源供给外，还影响着全球的大气环流、水循环、洋流和海平面高度，给人类活动带来重要影响。另外海冰、浮冰和冰山的分布影响着海上交通和海上生产。在高寒山区，雪崩、冰湖溃决和冰川泥石流等常常造成灾害，需要运用冰川学理论与方法进行预测和防治。20世纪中期以来，全球冰川研究重点已从山岳冰川转向对极地冰盖的考察和研究。研究通过采用新技术、新方法进行常年定点观测，特别是对冰芯的研究，用较长时间尺度的数据建立各种模型，旨在揭示大陆冰盖、山岳冰川所储存的气候和环境信息，冰川变化与全球气候变化的关系，以及冰盖对气候的反馈作用等，以探讨和估计今后全球气候与环境变化趋势。

海冰的存在和变化不仅对气候和自然环境产生影响，同时也对北极地区人类经济活动和社会活动产生影响。海冰的存在对潮汐、潮流的影响极大，它对潮汐的运动起到阻尼作用，减小潮差和流速。当海面有海冰存在时，海水与大气所进行的热交换大为减少。由于海冰的热传导性极差，对海洋起着隔温层的作用。海冰融解潜热高，对太阳辐射能的反射率大，这些物理特性直接影响着海水温度的变化。

总之，海冰不仅对海洋水文状况自身，而且对大气环流和气候变化都会产生巨大的影响，进而影响人类的经济活动和社会活动。海冰能直接封锁港口和航道，阻断海上运输，毁坏海洋工程设施和船只。长期以来科学家开展了海冰观测和研究工作，发布冰山险情和海冰预报。利用岸站、船舶、飞机、浮冰漂流站、雷达及卫星等各种新技术多种途径对海冰和冰山进行观测，并利用数理统计、天气学和动力学数值方法发布海冰的长、中、短期预报。

永冻层（permafrost）又称永久冻土或多年冻土，是指持续多年冻结的土石层。冻土一般可分为上下两层：上层每年夏季融化，冬季冻结，称活冻层，又称冰融层；下层常年处在冻结状态，称永冻层或多年冻层。

近些年来，北极暖化是否会造成永冻层（permafrost）的快速融化一直为科学家群体所关注。长期地表观测资料显示，过去30年来的增温现象已促使极区土壤的温度上升1~3度新研究指出北极部分地区正面临永冻层快速融解的窘境。永冻层若大量融解将对全球气候环境造成不小的冲击。永冻层是极寒冷地区常见的自然现象之一。相对于活冻层（active layer）冬天结冻和夏天融解，永冻层岩石与土壤中的水则是终年结冻。永冻层对环境扮演着重要的角色。譬如，永冻层可作为碳循环中的主要碳汇（sink）路径之一：由于有机物的分解与二氧化碳的生成受温度影响，因此北极寒冷的天气可减缓保存在永冻层内的有机物分解，并降低二氧化碳在大气中的释放。

通过构建的检索策略，共检索得到北极海冰、永冻层和冰川学研究相关学科论文374篇，因涉及论文数量较少，统计关键词的意义不大，因此在文献基础上对其涉及学科进行统计分析。

表3-9列出了该研究领域涉及的所有学科，可以看出在海冰、永冻层和冰川学研究中，遥感、影像学和摄影技术、地球化学和地球物理学、电气和电子工程学等学科的应用型研究较多，而对海洋学、自动控制系统、应用物理学、光谱学等研究涉及较少。表3-10列出了主要研究学科涉及的主要国家，可以发现，美国在海冰、永冻层和冰川学研究中起支撑作用；加拿大为遥感、影像学和摄像技术及环境科学等学科研究做出了较大的贡献；而挪威则对地球化

学和地球物理学及电气和电子工程学投入与产出较多；中国在该领域科研成果相对较少，主要涉及遥感、影像学和摄像技术等主要学科。

表 3-9　学科统计表

序号	学科分类	文献量	序号	学科分类	文献量
1	REMOTE SENSING 遥感	316	14	NUCLEAR SCIENCE TECHNOLOGY 核科学与技术	9
2	IMAGING SCIENCE PHOTOGRAPHIC TECHNOLOGY 影像学和摄影技术	169	15	PHYSICS ATOMIC MOLECULAR CHEMICAL 物理学（原子、分子和化学）	9
3	GEOCHEMISTRY GEOPHYSICS 地球化学和地球物理学	104	16	PHYSICS NUCLEAR 核子物理学	9
4	ENGINEERING ELECTRICAL ELECTRONIC 电气和电子工程学	86	17	ENGINEERING AEROSPACE 航空航天工程学	6
5	ENVIRONMENTAL SCIENCES 环境科学	73	18	CHEMISTRY ANALYTICAL 分析化学	3
6	ACOUSTICS 声学	37	19	ELECTROCHEMISTRY 电化学	3
7	ASTRONOMY ASTROPHYSICS 天文学和天体物理学	21	20	ENGINEERING MULTIDISCIPLINARY 跨学科工程学	2
8	AUDIOLOGY SPEECH LANGUAGE PATHOLOGY 听力学与言语病理学	21	21	OCEANOGRAPHY 海洋学	2
9	GEOSCIENCES MULTIDISCIPLINARY 跨学科地球科学	21	22	AUTOMATION CONTROL SYSTEMS 自动控制系统	1

续表

序号	学科分类	文献量	序号	学科分类	文献量
10	METEOROLOGY ATMOSPHERIC SCIENCES 气象学和大气科学	21	23	OPTICS 光学	1
11	INSTRUMENTS INSTRUMENTATION 仪器和仪表	20	24	PHYSICS APPLIED 应用物理学	1
12	TELECOMMUNICATIONS 电信	17	25	SPECTROSCOPY 光谱学	1
13	GEOGRAPHY PHYSICAL 自然地理学	13			

表 3-10 主要学科研究国家分布表

主要学科	主要分布国家
遥感	美国（162）；加拿大（46）；英国（30）；德国（28）；挪威（27）；法国（22）；丹麦（15）；俄罗斯（14）
影像学和摄影技术	美国（88）；加拿大（22）；英国（16）；法国（16）；挪威（14）；德国（12）；丹麦（11）；俄罗斯（10）
地球化学和地球物理学	美国（62）；挪威（12）；德国（11）；英国（8）；加拿大（7）；意大利（5）；中国（4）
电气和电子工程学	美国（55）；挪威（10）；德国（8）；加拿大（5）；意大利（5）；英国（4）；中国（3）
环境科学	美国（43）；加拿大（10）；德国（8）；英国（7）；法国（6）；丹麦（5）；挪威（5）；中国（4）

图 3-7 是研究涉及的主要学科按照文献发表年份进行归类后的统计图，可以发现遥感相关论文远远多于其他学科，而近年来遥感及环境科学文献量有轻微下降趋势，而影像学和摄影技术、地球

化学和地球物理学等均呈上升趋势。遥感学科论文不论累计还是按年度计算，均比其他学科要多接近一倍的数量，可见在北极海冰、永冻层和冰川学研究领域中，遥感技术的运用倍受自然科学家群体关注。在冰川学和海冰监测方面，对各类测量技术的依赖度很高。

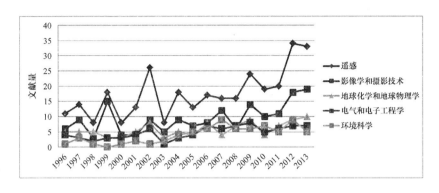

图3-7　主要学科各年文献量曲线图

三、北极大气科学研究

通过构建的检索策略，共检索得到北极大气科学相关学科论文3277篇，在此基础上对其涉及关键词及基金资助机构进行统计分析。

表3-11列出了文献量不少于16篇的关键词，由此可以发现在大气科学研究领域中，对气候变化、海冰、电离层、平流层、北极振荡、气溶胶等研究较多，而对北极霾现象等研究则涉及较少。图3-8是大气科学研究领域高频关键词共现网络图，结合表3-11和图3-8，可以看出，气候变化的中心度最大。气候变化一直是全球的焦点，在北极的大气科学研究中，气候变化必然是研究重点；中心度次之的是北极、沉积物及海冰，其中以沉积物作为桥梁，连接起来两个团组的研究主题，图3-8以沉积物所在节点为参照物，

左侧的关键词团组侧重研究应用于大气科学的技术并探讨大气组成结构等，右侧的关键词团组则注重研究北极的各种大气现象。共现图可以清晰地反映出北极大气科学研究的全球意义。北极振荡研究的是北极大气系统与北极圈外大气系统交互的现象。科学家们在研究中也注意将南极气候变化现象与北极进行比较，开展关联性研究。

表 3-11 高频关键词统计表（文献量 > =16）

序号	英文关键词	中文关键词	文献量	序号	英文关键词	中文关键词	文献量
1	arctic	北极	212	17	meteorology and atmospheric dynamics	气象学与大气动力学	24
2	Climate change	气候变化	135	18	Polar caps	极地冰盖	23
3	sea ice	海冰	73	19	mercury	汞	22
4	ionosphere	电离层	65	20	snow	雪	22
5	Mars	火星	50	21	Surface	表面	22
6	stratosphere	平流层	48	22	Instruments and techniques	装备与技术	20
7	Greenland	格陵兰（岛）	46	23	plasma convection	等离子体对流	20
8	Arctic Oscillation	北极振荡	39	24	polar stratospheric clouds	极地平流层云	20
9	precipitation	沉积物	38	25	remote sensing	遥感	20
10	clouds	云	35	26	Atmospheric composition and structure	大气组成与结构	19

序号	英文关键词	中文关键词	文献量	序号	英文关键词	中文关键词	文献量
11	aerosols	气溶胶	34	27	Greenland ice sheet	格陵兰冰盖	18
12	ozone	臭氧	32	28	modeling	模型	18
13	atmosphere	大气	28	29	Antarctic	南极	17
14	ozone loss	臭氧损耗	28	30	Arctic boundary layer	北极边界层	17
15	Magnetospheric physics	磁层物理学	27	31	Arctic Haze	北极霾	16
16	Arctic Ocean	北冰洋	25	32	Auroral phenomena	极光现象	16

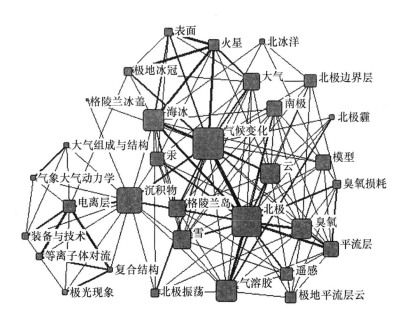

图 3-8 大气科学研究高频关键词共现网络图

表 3 – 12　高频关键词 1996—2013 年各年频次统计

年份	1996	1997	1998	1999	2000	2001	2002	2003	2004	2005	2006	2007	2008	2009	2010	2011	2012	2013
气候变化	1	1	5	0	6	5	8	6	4	7	4	6	7	16	12	10	17	20
海冰	0	1	1	1	1	4	2	4	3	5	0	3	2	6	3	7	13	17
北极振荡	0	0	0	0	1	0	3	2	2	3	3	5	2	0	2	5	4	7
北冰洋	1	0	0	0	0	0	0	0	3	0	0	0	0	1	4	2	5	9
电离层	0	0	1	0	4	1	8	3	6	5	9	5	8	6	1	5	1	2
云	1	0	1	1	1	0	3	3	1	4	0	2	2	3	0	7	2	4
气溶胶	2	1	2	0	2	1	4	5	3	3	0	1	0	0	1	1	5	3
平流层	0	2	0	2	1	2	19	3	3	2	5	0	1	3	1	2	2	0
臭氧	0	1	0	2	2	1	13	5	0	2	0	2	0	2	0	1	0	1
臭氧损耗	0	0	0	3	0	2	10	6	2	0	2	1	0	0	0	2	0	0

表 3 – 12 是大气科学研究领域高频关键词按照所属文献出版年进行归类后的分布趋势图，可发现对气候变化、海冰、北极振荡、北冰洋的研究近年来词频上升幅度较大；对电离层、云、气溶胶的研究则波动较大；而关于平流层、臭氧及其损耗的研究，在 2003 年文献量急剧减少，且之后相关文献量始终不多，慢慢淡出了多数科研人员的研究视角。

表 3 – 13 列出了北极大气科学研究中得到基金资助机构发表文献量不少于 20 篇的机构，在这 12 所机构中，有 3 所美国机构，分别是美国国家科学基金会、美国国家航空航天局、美国国家海洋和大气管理局，还涉及加拿大、挪威、瑞典、俄罗斯、中国、法国、日本机构各 1 所，另外欧洲联盟和欧盟委员会也对北极大气科学研究投入了较多的基金资助。

表 3 – 13　大气科学基金资助机构（文献量 > = 20）

序号	基金资助机构	文献量
1	NATIONAL SCIENCE FOUNDATION 美国国家科学基金会	252
2	NASA 美国国家航空航天局	143
3	EUROPEAN UNION 欧洲联盟	102
4	NORWEGIAN RESEARCH COUNCIL 挪威研究基金会	91
5	NATURAL SCIENCES AND ENGINEERING RESEARCH COUNCIL 加拿大自然科学与工程研究理事会	89
6	SWEDISH RESEARCH COUNCIL 瑞典研究理事会	68
7	RUSSIAN FOUNDATION FOR BASIC RESEARCH 俄罗斯科学基金会	49
8	NATIONAL NATURAL SCIENCE FOUNDATION OF CHINA 中国国家自然科学基金委员会	45
9	NOAA 美国国家海洋和大气管理局	40
10	CNRS INSU 法国国家科学研究院国家宇宙科学研究院	21
11	JAPAN NIPR 日本国立极地研究所	21

表 3 – 14　基金资助机构（文献量 > = 45）主要研究主题分布表

序号	基金资助机构	主要研究主题
1	美国国家科学基金会	气候变化（13）；海冰（6）；北极云（4）；北极冻原（4）；大气环流（4）
2	美国国家航空航天局	复合结构（5）；大气层（4）；电离层（4）；极光现象（3）；云（3）；红外线观测（3）
3	加拿大自然科学与工程理事会	气象和大气动力学（3）；中层大气动力学（3）；极地气象学（3）；气溶胶（2）；北冰洋（2）
4	挪威研究基金会	电离层（11）；等离子体对流（6）；磁层物理学（5）；极地气象学（4）；海冰（4）；气候变化（3）
5	瑞典研究理事会	电离层（8）；极地气象学（4）；大气组成结构（3）；气候变化（2）；北冰洋（2）；设备与技术（2）
6	欧洲联盟	气溶胶光学厚度（2）；北极温度（2）；海冰（2）；雪（2）
7	俄罗斯科学基金会	北冰洋（5）；数值模型（4）；模型（3）；深海（2）；北大西洋（2）；数值模拟（2）；海洋环流（2）
8	中国国家自然科学基金委员会	北极振荡（5）；东亚冬季风（3）；昼侧激光（2）；粒子沉降（2）；平流层（2）；平流层漩涡（2）

表 3 – 14 列出了大气科学研究领域文献量不少于 45 篇的基金资助机构的研究主题，可以发现在北极大气科学研究领域中这 8 所机构的研究主题有所侧重。美国国家科学基金会注重对气候变化的研究；美国国家航空航天局则对大气层、电离层、极光现象及红外线观测研究较多；加拿大自然科学与工程研究理事会对气象学与大

气动力学及中层大气动力学投入较多的关注；挪威研究基金会与瑞典研究理事会均对电离层研究投入较多基金；欧盟侧重对大气科学中的气溶胶光学厚度与北极的温度进行研究；俄罗斯科学基金会对北极大气科学的各种现象，例如海洋环流的数值模型研究较多；中国国家自然科学基金委员会侧重的研究与国际稍有不同，更加侧重可能影响我国地区的北极振荡、东亚冬季风、粒子沉降及平流层等方面的研究。

四、北极生态系统研究

通过构建的检索策略，共检索得到北极生态系统相关学科论文6975篇，在此基础上对其涉及关键词及基金资助机构进行统计分析。

由表3－15可以看出，在北极生态系统的研究中，气候变化给北极生态系统带来的冲击仍然是研究的重点。在物种研究方面重点集中在北极红点鲑、北极熊、北极狐、环斑海豹和大马哈鱼等北极特有物种生存条件的变化。另外对重金属和汞等物质对北极生态系统的影响也有所研究。图3－9是生态系统研究领域高频关键词共现网络图，结合表3－15和图3－9可以发现，北极生态系统研究的数据获得区域主要集中在斯瓦尔巴群岛、格陵兰、阿拉斯加、波弗特海及巴伦支海等区域。这些地区关键词与代表北极的节点之间的连线均较粗，说明这些在北极周边的岛屿及海域因其地理位置而被科研人员所关注。北极生态系统的稳定离不开稳定的气候。从研究内容对生态系统影响度来看，气候变化的中心度最高，由此表明在北极生态系统中气候变化的影响是科学家群体最重要的关注之一。另外如海冰、温度、生物多样性等问题也是研究的重点。从研究的技术手段来看，稳定同位素手段是北极生态系统中被应用较多的技术之一。从整体来看，高频关键词共现网络图是一个连通图，且各个节点的中心度相差不大，说明北极生态系统研究已进入全方位稳定发展的阶段。

表 3－15　高频关键词统计表（文献量 ＞ ＝40）

序号	英文关键词	中文关键词	文献量	序号	英文关键词	中文关键词	文献量
1	Arctic	北极	1088	25	zooplankton	浮游动物	54
2	climate change	气候变化	355	26	fish	鱼类	53
3	Arctic charr	北极红点鲑	238	27	marine mammals	海洋哺乳动物	51
4	Svalbard	斯瓦尔巴（群岛）	227	28	migration	迁徙	51
5	Greenland	格陵兰（岛）	218	29	phylogeography	系统地理学	51
6	sea ice	海冰	173	30	Barents Sea	巴伦支海	50
7	polar bear	北极熊	164	31	phytoplankton	浮游植物	50
8	temperature	温度	133	32	seabirds	海鸟	50
9	Arctic ocean	北冰洋	121	33	bacteria	细菌	49
10	tundra	苔原	111	34	sediment	沉积物	49
11	polychlorinated biphenyls	多氯联苯	110	35	taxonomy	分类学（分类法）	48
12	arctic fox	北极狐	109	36	permafrost	永冻层	47
13	mercury	汞	106	37	reproduction	繁殖	47
14	Alaska	阿拉斯加	103	38	Canada	加拿大	46
15	pollution	污染	103	39	heavy metals	重金属	46
16	growth	增长	95	40	snow	雪	44
17	Beaufort Sea	波弗特海	92	41	nitrogen	氮	43
18	biodiversity	生物多样性	91	42	biogeography	生物地理学	42
19	distribution	分布	76	43	global warming	全球变暖	42

序号	英文关键词	中文关键词	文献量	序号	英文关键词	中文关键词	文献量
20	Stable isotopes	稳定同位素	72	44	Iceland	冰岛	42
21	Diet	膳食	69	45	nutrients	营养	40
22	diatoms	硅藻类	64	46	ringed seal	环斑海豹	40
23	organochlorines	有机氯	64	47	salmonids	大马哈鱼	40
24	predation	捕食	56				

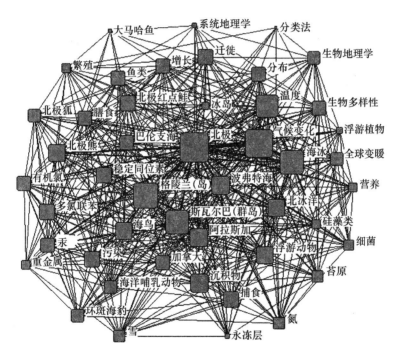

图 3-9　北极生态系统高频关键词共现网络图

　　表 3-16 是北极生态系统研究领域高频关键词按照所属文献出版年进行归类后的各年词频分布图，发现对气候变化、北极熊、北冰洋、污染物等的研究呈上升趋势；而近年来各年词频分布数量较平稳的北极红点鲑、海冰、有机氯受到了科研人员的持续关注。

表 3 - 16　高频关键词 1996—2013 年各年频次统计

年份	1996	1997	1998	1999	2000	2001	2002	2003	2004	2005	2006	2007	2008	2009	2010	2011	2012	2013
气候变化	5	5	4	3	8	2	4	8	17	14	11	19	36	35	35	44	62	43
北极熊	2	0	2	4	6	5	9	5	9	12	9	8	24	9	15	8	15	22
北冰洋	3	7	1	6	5	7	2	2	8	1	5	8	10	6	12	10	11	17
污染	2	3	2	4	4	5	5	6	14	13	10	3	4	4	3	3	7	11
阿拉斯加	2	3	4	3	8	2	5	8	6	5	5	12	3	6	12	8	3	8
巴伦支海	0	0	3	3	3	0	5	4	1	2	3	1	2	4	5	2	2	10
永冻层	0	2	1	1	1	0	0	0	0	2	2	4	3	2	3	9	7	10
北极红点鲑	16	18	16	10	16	10	20	14	13	14	7	12	15	11	16	10	11	9
海冰	1	6	1	4	9	4	2	4	7	6	5	10	26	18	17	19	19	15
有机氯	2	1	3	6	3	4	6	6	4	7	1	8	1	2	5	3	0	2
多氯联苯	4	4	1	5	11	3	6	7	10	13	5	3	4	8	7	6	7	6
北极狐	2	1	2	3	13	5	9	11	3	8	4	12	6	9	5	8	5	3
稳定同位素	0	0	1	0	0	2	4	6	4	4	1	3	6	7	5	10	11	8
全球变暖	1	2	2	0	0	0	1	1	4	1	1	1	3	3	4	4	12	2

表 3-17 列出了北极生态系统研究中得到基金资助机构发表文献量不少于 30 篇的机构，其中加拿大自然科学与工程研究理事会对研究的资助最多，其次是美国国家科学基金会。在这 17 所机构中，加拿大对北极生态系统研究的基金资助投入最多，共有 4 所机构给予了基金资助；欧洲联盟对北极生态系统研究投入了大量基金；另外中国、英国、挪威、瑞典以及波兰的科学、教育部门和基金会也有一定数量的基金资助。

表 3-17　生态系统基金资助机构（文献量 > =30）

序号	基金资助机构	文献量
1	NATURAL SCIENCES AND ENGINEERING RESEARCH COUNCIL 加拿大自然科学与工程研究理事会	376
2	NATIONAL SCIENCE FOUNDATION 美国国家科学基金会	297
3	NORWEGIAN RESEARCH COUNCIL 挪威研究基金会	176
4	EUROPEAN UNION 欧洲联盟	114
5	POLAR CONTINENTAL SHELF PROJECT 加拿大北极大陆架项目	84
6	NATURAL ENVIRONMENT RESEARCH COUNCIL 英国自然环境研究委员会	59
7	ARCTICNET 加拿大北极研究网络	58
8	NORWEGIAN POLAR INSTITUTE 挪威极地研究所	54
9	SWEDISH RESEARCH COUNCIL 瑞典研究理事会	48
10	ENVIRONMENT CANADA 加拿大环境部	47
11	FISHERIES AND OCEANS CANADA 加拿大渔业和海洋部	46
12	NASA 美国国家航空航天局	41
13	NORTHERN SCIENTIFIC TRAINING PROGRAM 加拿大 NSTP 项目部	39
14	NATIONAL NATURAL SCIENCE FOUNDATION OF CHINA 中国国家自然科学基金委员会	36
15	POLISH MINISTRY OF SCIENCE AND HIGHER EDUCATION 波兰科学与高等教育部	31

表 3 - 18　北极生态系统研究基金资助机构（文献量＞＝80）

主要研究主题

序号	基金资助机构	主要研究主题
1	加拿大自然科学与工程研究理事会	气候变化（45）；海冰（21）；北冰洋（16）；北极熊（15）；古湖沼学（13）；细菌（11）
2	美国国家科学基金会	气候变化（41）；阿拉斯加（18）；苔原（15）；北冰洋（13）；海冰（11）；永冻层（9）
3	挪威研究基金会	气候变化（15）；北极红点鲑（13）；浮游植物（5）；扩增片段长度多态性（4）
4	欧洲联盟	北极熊（15）；气候变化（13）；古湖沼学（9）；北极狐（6）；海冰（6）；海鸟（6）
5	北极大陆架项目	气候变化（5）；北冰洋（4）；全球变暖（4）；产蛋量（3）；深海（2）

表 3 - 18 列出了文献量不少于 80 篇的北极生态系统基金资助机构的主要研究主题，可以发现气候变化是北极生态系统研究领域的研究重点。除此之外，这 5 所机构的研究主题均有所侧重，其中加拿大自然科学与工程研究理事会对海冰研究更为关注；美国国家科学基金会则对阿拉斯加地区、苔原等投入较多基金；挪威研究基金会在对北极红点鲑和浮游植物进行研究的同时，对扩增片段长度多态性（AFLP）① 这种生物技术方法也有较广泛的应用；欧洲联盟则对北极生态系统中的各种北极动物的研究较多，例如北极熊、北极狐以及海鸟等等；受加拿大自然资源部"北极大陆架项目"资助的文献更注重全球变暖及对加拿大北极深海海底的研究。

---

① 扩增片段长度多态性（AFLP，Amplified Fragment Length Polymorphism）是 1993 年荷兰科学家 Zbaeau 和 Vos 发展起来的一种检测 DNA 多态性的新方法。该方法对基因组 DNA 进行双酶切，形成分子量大小不同的随机限制片段，再进行 PCR 扩增，根据扩增片段长度的多态性的比较分析，可用于构建遗传图谱、标定基因和杂种鉴定以辅助育种。

五、北极自然资源

通过构建的检索策略，共检索得到北极自然资源相关学科论文2334篇，在此基础上对其涉及关键词及基金资助机构进行统计分析。关于北极自然资源的论文涵盖了渔业、林业、水资源、石油、天然气、矿业和生物资源领域。

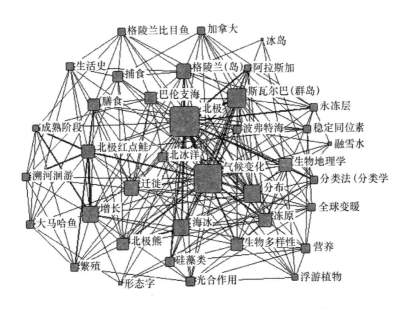

图3-10 北极自然资源高频关键词共现网络图

表3-19列出了文献量不少于15篇的高频关键词分布情况，可以看出在北极自然资源的研究中对渔业、气候变化、冻原、海冰等的研究较多，比如格陵兰的比目鱼、北极红点鲑、大马哈鱼的洄游、繁殖规律的研究，对石油、天然气、矿藏、旅游等资源也有所涉及。图3-10是北极自然资源研究领域高频关键词共现网络图，结合表3-19和图3-10可以发现，该领域地区研究关键词主要包括北极、斯瓦尔巴群岛、格陵兰、巴伦支海、加拿大、阿拉斯加

等，其中以北极与格陵兰及斯瓦尔巴群岛的连线较粗，说明在北极自然资源领域的研究中，格陵兰及斯瓦尔巴群岛倍受科研人员关注。另外，资料中对俄罗斯学科论文收集较少，可能也是自然资源论文分布偏向渔业的原因。

表 3－19　关键词统计表（文献量＞＝15）

序号	英文关键词	中文关键词	文献量	序号	英文关键词	中文关键词	文献量
1	Arctic	北极	316	20	Photosynthesis	光合作用	22
2	Arctic char	北极红点鲑	167	21	Reproduction	繁殖	21
3	climate change	气候变化	167	22	Stable isotopes	稳定同位素	20
4	Svalbard	斯瓦尔巴（群岛）	89	23	Maturation	成熟阶段	19
5	tundra	冻原	74	24	Snowmelt	融雪水	19
6	growth	增长	64	25	Barents Sea	巴伦支海	18
7	Greenland	格陵兰(岛)	61	26	Iceland	冰岛	18
8	sea ice	海冰	44	27	nitrogen	营养	18
9	Alaska	阿拉斯加	33	28	salmonids	大马哈鱼	18
10	distribution	分布	31	29	anadromy	溯河洄游	17
11	polar bear	北极熊	31	30	Canada	加拿大	17
12	Arctic Ocean	北冰洋	29	31	morphology	形态学	17
13	Biodiversity	生物多样性	44	32	taxonomy	分类学（分类法）	17
14	Greenland halibut	格陵兰比目鱼	26	33	biogeography	生物地理学	16
15	Permafrost	永冻层	26	34	global warming	全球变暖	16
16	Beaufort Sea	波弗特海	24	35	predation	捕食	16
17	Diatoms	硅藻类	23	36	life history	生活史	15
18	diet	膳食	23	37	Phytoplankton	浮游植物	15
19	migration	迁徙	22				

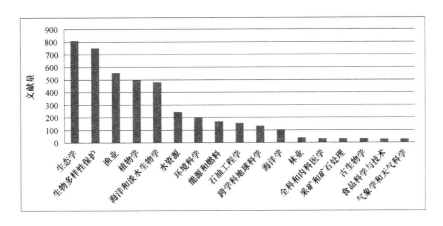

图 3-11　北极自然资源主要学科分布图

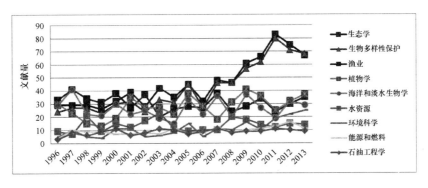

图 3-12　北极自然资源主要学科各年文献量曲线图

图 3-11 是北极自然资源研究主要学科分布图，图 3-12 是对北极自然资源研究主要学科按文献所属年度进行分类汇总后绘制的趋势图。由图 3-11、图 3-12 可以发现，北极自然资源研究对生态学、生物多样性保护、渔业等学科研究较多，另外对能源和燃料、石油工程学、采矿和矿石处理也有所涉及。其中生态学、生物多样性保护相关文献量近两年有所下降，而渔业、植物学、环境科学近几年文献量呈上升趋势。当前国际组织、政治家、公众较为关注石油气的开采问题，在本统计中由于所选年限跨度较大，生态

学、生物多样性保护、渔业等学科累计发文较多，能源与燃料、石油工程学等总文献量不突出，实际上能源、石油气等相关研究文献近年来增长较快。

表3-20列出了北极自然资源研究中得到基金资助机构发表文献量不少于10篇的机构，加拿大自然科学与工程研究理事会给予资助较多，共有101篇文献得到了基金资助；其次是挪威研究基金会。在这12所机构中，挪威对北极自然资源研究的基金投入较多，除了挪威研究基金会之外，挪威极地研究所、挪威自然研究所均有基金资助。说明挪威方面在利用北极资源方面有较大的研究投入。

表3-20 北极自然资源基金资助机构（文献量>=10）

序号	基金资助机构	文献量
1	NATURAL SCIENCES AND ENGINEERING RESEARCH COUNCIL 加拿大自然科学与工程研究理事会	101
2	NORWEGIAN RESEARCH COUNCIL 挪威研究基金会	80
3	NATIONAL SCIENCE FOUNDATION 美国国家科学基金会	63
4	EUROPEAN UNION 欧洲联盟	29
5	FISHERIES AND OCEANS CANADA 加拿大渔业和海洋部	19
6	NATURAL ENVIRONMENT RESEARCH COUNCIL 英国自然环境研究委员会	18
7	ARCTICNET 加拿大北极研究网络	16
8	NORTHERN SCIENTIFIC TRAINING PROGRAM 加拿大北极科学培训计划	14
9	NORWEGIAN POLAR INSTITUTE 挪威极地研究所	13
11	NASA 美国国家航空航天局	10
12	NORWEGIAN INSTITUTE FOR NATURE RESEARCH 挪威自然研究所	10

表 3 – 21　北极自然资源基金资助机构（文献量 > =60）主要研究方向

序号	基金资助机构	主要研究方向
1	加拿大自然科学与工程研究理事会	生态环境科学（50）；生物多样性保护（45）；海洋和淡水生物学（25）；渔业（25）
2	挪威研究基金会	生态环境科学（39）；生物多样性保护（34）；渔业（28）；海洋和淡水生物学（21）
3	美国国家科学基金会	生态环境科学（38）；生物多样性保护（33）；植物学（21）；海洋和淡水生物学（7）

表 3 – 21 是文献量不少于 60 篇的北极自然资源研究领域基金资助机构的主要研究方向，可以看出生态环境科学、生物多样性保护、海洋和淡水生物学、渔业是这三所机构的重点研究方向，另外美国国家科学基金会对植物学研究方向的项目也有基金资助。

六、北极应用科学及工程开发

北极应用科学和工程开发在世界经济论坛的《揭开北极面纱》的报告中被特别提及，这表明了开发北极和治理北极对技术的依赖和期待。从我们既定的统计策略出发，我们发现许多技术应用都是作为技术手段依附于其他学科的研究之中，而非独立的研究领域，如我们在北极海冰、冰川、永冻层研究中发现的那样（参见表 3 – 12），海冰、冰川等研究大量使用了遥感技术、光学技术、声学技术、电信技术、光谱学技术、航空航天技术、核物理技术以及自动控制技术。这使得技术应用的论文统计数低于预期。很多应用科学和工程技术的发明更多地体现在专利库和工程类的刊物之中。

表 3 – 22 列出了北极应用科学及工程开发研究领域文献量不少于 8 篇的高频关键词，可以发现在北极应用科学及工程开发研究领

域中，环境工程、污染物、生物降解、生物富集等开始受到学者的关注。

表 3-22 高频关键词统计表（文献量 > =8）

序号	英文关键词	中文关键词	文献量
1	arctic	北极	135
2	Greenland	格陵兰	63
3	Inuit	因纽特人	45
4	climate change	气候变化	43
5	polychlorinated biphenyls	多氯联苯	32
6	Sea ice	海冰	27
7	polar bear	北极熊	22
8	pollution	污染	22
9	mercury	汞	17
10	Arctic charr	北极红点鲑	16
11	permafrost	永冻层	16
12	Alaska	阿拉斯加	13
13	biomarkers	生物指标	13
14	organochlorines	有机氯	12
15	metals	金属	10
16	bioremediation	生物降解	9
17	bioaccumulation	生物富集	8
18	glaucous gull	北极鸥	8
19	heavy metals	重金属	8
20	ice core	冰芯	8

图 3-13 是北极应用科学及工程开发研究领域主要学科分布图，图 3-14 是对北极应用科学及工程开发主要学科按所属文献出版年进行分类汇总后绘制的趋势图。结合图 3-13 和图 3-14 可以

发现，北极应用科学及工程开发研究中，环境科学是目前关注的重点，关于毒理学与分析化学的文献也不少；从主要学科的年度分布表中，发现毒理学学科的文献在 2013 年出现数量激增，说明当前学者在应用科学及工程开发领域主要关注的是北极环境的净化问题。

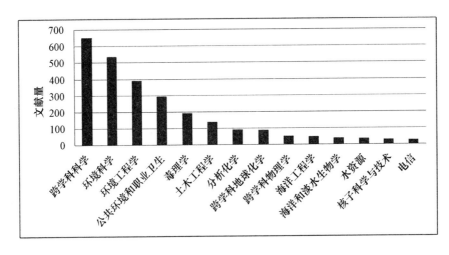

图 3-13　北极应用工程主要学科分布图

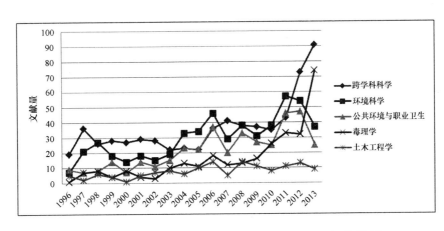

图 3-14　北极应用工程主要学科各年文献量曲线图

七、北极治理社会科学相关学科研究现状

国际极地年（IPY）《2007 北极行动报告》首次将社会科学列为国际极地年北极研究的核心领域之一。社会科学重视研究自然环境变化中社会各领域所受影响与应对。社会科学家的研究重点在于建立社会机制来保证人类在北极活动增加与自然生态和社会生态之间的平衡，以气候变化、地缘政治、经济发展、环境保护、治理制度为研究主线，同时从人类学、历史学的角度研究人类健康、传统习俗、文化保护和可持续发展。

在北极治理与自然科学家之间，社会科学家承担着重要的桥梁作用。如何将自然科学家在北极的探索及发现转变为服务于北极治理，需要社会科学家从政治、经济、法律等层面对自然科学及北极治理的关联进行建构。

通过构建的检索策略，共检索到北极社会科学论文 1051 篇，在此基础上进行学科分类，结果如表 3 - 23 所示。根据北极治理所需的知识及所属学科的文献数量，选择人类学、公共环境和职业卫生、国际关系、政治学、法学、经济学、跨学科社会科学、社会问题、区域研究等学科作为研究对象进行分析。

表 3 - 23   北极社会科学主要学科分类

序号	学科分类	文献量	序号	学科分类	文献量
1	Public, Environmental & Occupational Health 公共环境和职业卫生	192	15	History & Philosophy Of Science 历史和科学哲学	29

序号	学科分类	文献量	序号	学科分类	文献量
2	Anthropology 人类学	185	16	Evolutionary Biology 进化生物学	27
3	Environmental Studies 环境研究	142	17	History 历史	25
4	International Relations 国际关系	123	18	Ecology 生态学	21
5	Geography 地理学	115	19	Economics 经济学	17
6	Environmental Sciences 环境科学	88	20	Multidisciplinary Sciences 跨学科科学	16
7	Political Science 政治学	73	21	Psychiatry 精神病学	14
8	Information Science & Library Science 信息科学和图书馆科学	69	22	Social Sciences, Interdisciplinary 跨学科社会科学	14
9	Archaeology 考古学	59	23	History Of Social Sciences 社会科学历史	14
10	Geosciences Multidisciplinary 跨学科地球科学	48	24	Hospitality, Leisure, Sport & Tourism 酒店、休闲、运动和旅游	14
11	Law 法学	44	25	Social Issues 社会问题	12
12	Sociology 社会学	36	26	Management 管理学	12
13	Meteorology & Atmospheric Sciences 气象学和大气科学	34	27	Energy & Fuels 能量和燃料	7
14	Geography, Physical 自然地理学	29	28	Area Studies 区域研究	6

表3-24是与北极治理相关学科所涉及论文的高频关键词统计

表。由表3-24可以看出在北极治理相关的社会科学研究中，对因纽特人、萨米人及气候变化的研究较多，而对对外政策、石油勘探等研究涉及较少。图3-15是北极治理相关社会科学研究领域高频关键词共现网络图，结合表3-24和图3-15可以发现，地区关键词主要包括北极、格陵兰、加拿大、挪威、俄罗斯、斯瓦尔巴群岛及阿拉斯加等，其中原住民与因纽特人、萨米人、加拿大北极之间的连线紧密，说明其共同被研究的频次较高；从研究内容角度来看，研究集中在原住民、因纽特人、萨米人及挪威人等人类学方向，同时对气候变化、大陆架、食品安全、北极航道、石油勘探等研究较多。另外涉及到北极理事会的文献不少，说明社会科学家关注北极治理机制的发展，重视科学研究与政策之间的关联性。

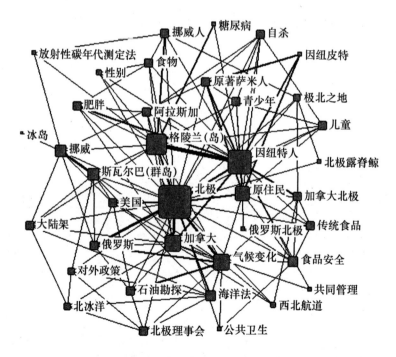

图3-15 北极治理社会科学相关学科高频关键词共现网络图

表 3 - 24　11个相关学科论文高频关键词（文献量 ＞ =4）

序号	英文关键词	中文关键词	文献量	序号	英文关键词	中文关键词	文献量
1	Arctic	北极	65	20	Alaska	阿拉斯加	5
2	Greenland	格陵兰(岛)	53	21	children	儿童	5
3	Inuit	因纽特人	51	22	diet	食物	5
4	Canada	加拿大	18	23	Food security	食品安全	5
5	Climate change	气候变化	18	24	Northwest Passage	西北航道	5
6	Norway	挪威	13	25	Adolescents	青少年	4
7	Canadian Arctic	加拿大北极	12	26	Bowhead whale	北极露脊鲸	4
8	Indigenous peoples	原住民	12	27	Co-management	共同管理	4
9	Russia	俄罗斯	11	28	diabetes mellitus	糖尿病	4
10	Svalbard	斯瓦尔巴（群岛）	11	29	foreign policy	对外政策	4
11	Indigenous Sami	萨米人	8	30	gender	性别	4
12	Law of the Sea	海洋法	7	31	Iceland	冰岛	4
13	obesity	肥胖	7	32	oil exploration	石油勘探	4
14	Arctic Council	北极理事会	6	33	Public health	公共卫生	4
15	Arctic Ocean	北冰洋	6	34	Radiocarbon dating	放射性碳年代测定法	4
16	continental shelf	大陆架	6	35	Russian Arctic	俄罗斯北极	4
17	Inupiat	因纽皮特	6	36	Suicide	自杀	4
18	Norse	挪威人	6	37	traditional food	传统食品	4
19	Thule	极北之地	6	38	United States	美国	4

表 3 - 25 是近年来呈上升趋势的高频关键词的主要研究国家。由表 3 - 25 可看出，由于丹麦拥有格陵兰岛这块自治领地，而格陵兰岛地处北极圈周边，丹麦科学家在研究北极时，自然对格陵兰岛的关注度较大，对格陵兰的居民的生活、健康及安全问题投入较多的研究；气候变化不仅仅在自然科学中倍受关注，社会科学家也对其在北极的影响进行了深入分析。另外，美国、加拿大及俄罗斯对气候变化带来的影响做出了回应并预测 2030 年的北极社会环境的变化；北极航道的开通与海洋法的研究反映出社会科学家对海冰融化后未来全球贸易和航运的格局变化的关注。石油开采问题在社会科学领域的研究是以其对全球能源市场和地缘政治的影响为重点。2012 年出现 4 篇有关石油勘探的文章，其中美国两篇，加拿大一篇，俄罗斯一篇，说明对石油开采问题的探究已上升到国际政治经济战略层面。

表 3 - 25　主要国家的关键研究领域

关键词	主要研究国家
格陵兰（岛）	丹麦（45）；加拿大（5）；英国（4）
因纽特人	丹麦（28）；加拿大（19）；美国（7）
气候变化	美国（8）；丹麦（3）；挪威（3）
原住民	加拿大（5）；挪威（5）；美国（3）
石油勘探	美国（2）；加拿大（1）；俄罗斯（1）

我们从与北极治理相关的多学科研究论文统计中梳理出社会科学家研究的热点。人类学是社会科学家在北极研究中产出最多的学科，也是历史最为悠久的学科，研究重点主要集中在对因纽特人的研究，内容涵盖北极原住民文化、风俗、生活等方面的问题。北极独特的地理位置使得社会科学家对北极的生存环境、原住民的健

康、食品安全、文化教育、公共政策和社会发展等问题尤为关注。另外与北极治理密切相关的国际关系、政治学、法律及经济学科均涉及不少文章，主要关注热点集中在气候变化、大陆架、海洋法等。需要特别指出的是在国际关系学科研究中，社会科学家对油气资源开发、航道利用投入了一定的研究，表明当今北极事务中资源利用的国际博弈已经开始，亟待通过北极治理来协商解决。涉及北极社会科学研究论文的关注点主要集中在北极治理、气候变化的社会影响、原住民文化传统、航道与资源利用、国际合作等方面，这也反映了北极治理的真实需求。

第四节　统计数据分析和阐释

通过对与北极治理相关科学论文的统计和分析，我们可以看出，自 1996 年以来，通过政府资助、国际合作、科研机构规划以及科学家群体的努力，关于北极变化和北极治理的知识体系不断完善，知识总量的积累迅速发展。论文质量提升姑且不论，仅就论文数量而言，关于北极变化和北极治理的研究论文发表就从 1996 年的 654 篇增加到 2013 年的 2374 篇（参见表 3 - 2）。北极国家的科学家和重要的非北极国家科学家发表的关于北极的研究论文数都大幅增加。中国科学家的论文发表数也从 1996 年的 0 篇上升到 2013 年的 87 篇，进步显著。

各国 SCI 科学论文数量、SCI 被引数量以及年度数量的变化可从一个侧面来大致反映各国对北极治理的关注度、研究基础的积累和科技资源的投放量。为了比较各国科学家的贡献度，我们经过统计得到所选 14 个典型国家关于北极治理的科学论文数量及发表 SCI 论文被引量。在北极八国中美国、加拿大、挪威发文量及 SCI 论文被引数量居前三位；在北极域外国家中的欧洲三个代表国家——德国、法国和英国中，德国与英国发文量及 SCI 被引数量领先并处于同一水平线上，法国不论是在发文数量还是 SCI 被引数量都稍逊一筹。这说明法国对北极治理问题的研究关注度和科研资源的投放量都显得不足；在亚洲三个非北极代表国家中，就发文总量及 SCI 被引数量来说，均是日本最多，中国其次，韩国最少。但从时间的跨度来看三国的发展，可以看出，近年来中国年发文量及年 SCI 被引数量已经赶超日本，韩国的发展势头也值得关注，日本则处于一个整体发展缓慢的阶段。

全球科学家围绕着北极治理所需的知识，在北极海洋地质和海洋学领域、海冰和冰川学领域、大气科学领域、北极生态系统、北极自然资源和应用科学及工程开发领域开展了深入的研究。通过对北极治理的重大领域分别进行文献的统计及分析，发现每个领域的研究重点都涉及到对气候变化的研究，可见在北极治理中气候变化是重中之重。北极科学考察和研究是一个综合性很强的研究领域。既涉及自然科学，又涉及社会科学；既包括了学科间的合作，也包括了科学与技术的相互推进；既包括了单一学科持续深入的研究，又包括了针对气候变化、生态环境等全球性问题各学科间的分进合击，体现了北极科学界良好的国际合作精神和为全球治理勇于担当的社会责任感。

无论是大气科学、海洋学还是冰川学，都有一个共同的重点，就是建立起各自学科研究与气候变化的联系。大气科学注重探讨大气组成结构以及北极的各种大气现象，开展对大气层与海水，大气层与电离层的互动关系的研究。有些地区的科学家侧重于研究大气科学中的气溶胶光学厚度与北极温度之间的关系，还有许多科学家则集中研究北极振荡、东亚冬季风、黑炭粒子沉降、平流层、北极霾和臭氧损耗方面的问题。海洋学关注海冰融化与气候变化的关系，研究北极海冰变化对潮汐、潮流的影响，建立海洋环流的数值模型，研究海冰变化后海水与大气之间热交换的过程。冰川学的研究重点还在于揭示冰川变化与全球气候变化的关系，以及冰盖对气候的反馈作用，解读冰盖、冰川所储存的气候和环境信息，目的在于探讨和估计今后全球气候与环境变化趋势。围绕永冻层的研究则集中于永冻层融解将对全球气候环境造成的冲击。研究永冻层变化对碳循环的影响。

北极生态系统研究领域更加注重气候变化对北极生态带来的影响。科学家既系统性地研究整个北极生态圈的状况，同时又针对具体的动植物和微生物开展研究，如北极熊、北极驯鹿、北极狐、北极海鸟、海豹、北极红点鲑、大马哈鱼、格陵兰比目鱼的生活环境、迁徙规律以及种群数量和食物成分的变化。同时也关注海洋生物、浮游动植物、永冻层、沉积物、硅藻类等问题的研究。科学家群体研究和分析海冰融化对北极主要动物的生存环境的影响，研究冻土融化后内陆河流携带陆地浮游动植物注入北冰洋的生态后果，研究气候变暖后低纬度动植物北上改变北极苔原动植物生态圈的趋势，研究工业污染物对北极动植物生长的破坏作用。在应对气候变化和生态环境变化方面，科学家群体将很多精力用在了保持北极生态的多样性、提升北极动植物的适应力上，研究北极环境的净化、生物降解、生物富集等问题。在这些方面，科学家群体注重利用环境净化技术、同位素技术以及扩增片段长度多态性（AFLP）生物技术。

技术与科学结伴而行。科学发现的不断推进离不开新技术手段的采用。北极科学发现大量借助于新的技术手段，其中卫星遥感技术、无人机和机器人技术、精密光学技术、生物基因技术、电子通讯技术、雷达技术生态环境技术、同位素技术、大型计算机技术、综合测绘技术的采用，帮助科学家发现和记录了一些原先不曾发现的现象，解释了原先无法解释的原因，建立了原先不曾建立起的跨学科联系，大大增强了北极知识库的完整性和系统性。技术除了帮助科学实现更高、更远、更深、更精微的观测和发现外，技术同样可以帮助人类更加环保地、更加有效地开发和利用北极资源。

统计和研究发现，一些科学基金会在北极科学研究和北极治理之间，在政府和科学家之间扮演着一种不可或缺的"桥梁"作用。一方面，基金会将科学家的科研进展和科学前沿问题传递给政府机构使之成为政府优先资助的项目；另一方面，基金会又通过资助额度的分配调动科学家的积极性，使之与国家的战略和政府的政策相配合。基金会的跨学科和跨国界的协调能力可以使来自不同国家和不同学科的科学家通力合作，共同完成涉北极的科学考察和研究项目。

资助北极项目的基金会和政府机构有很多，根据数据统计贡献突出的包括以下机构：美国国家科学基金会、加拿大自然科学与工程研究理事会、欧盟委员会的下属机构、英国自然环境研究委员会、挪威研究基金会、瑞典研究理事会、俄罗斯科学基金会和中国国家自然科学基金委员会。

美国的资助机构主要来自美国国家科学基金会、美国国家航空航天局、美国国家海洋和大气管理局。美国国家科学基金会资助的研究重点包括气候变化、生态环境、北极冻原、大气环流、洋流、生物多样性保护、北极植物、北冰洋海冰、冰川、海洋和淡水生物、渔业资源保护、苔原和永冻层等，研究区域集中于北冰洋、阿拉斯加、格陵兰等地。美国国家航空航天局则利用其擅长的空间探测优势对大气层、电离层、极光现象及红外线进行观测研究。

加拿大的资助机构包括了加拿大自然科学与工程研究理事会、加拿大环境部、加拿大渔业和海洋部。加拿大自然科学与工程研究理事会资助的研究重点包括：气候变化、极地气象学、气象和大气动力学、气溶胶、北冰洋海冰、冰川、古湖沼学、浮游植物北极熊、大陆架勘测、海底生物调查、细菌、北极鸟类繁殖、生态环境科学、生物多样性保护、海洋和淡水生物学、渔业等。

欧洲的主要资助来自于欧盟委员会及其下属机构。欧盟资助的重点有的是通过其成员国芬兰、丹麦和瑞典给予，有的是直接接受科学家的申请。欧盟资助的重点研究领域包括：气候变化、北极温度变化、北极积雪与黑炭、气溶胶光学厚度、北冰洋海冰、冰川变化、北极熊、北极狐以及海鸟等。研究地点分布较广，包括了北欧北极地区、斯瓦尔巴群岛、格陵兰、弗拉姆海峡等。英国科学家的资金来源主要是英国自然环境研究委员会。该研究委员会对北极的自然环境关注较多，更侧重对海冰、冰川消退、硅藻等主题的研究。瑞典研究理事会资助的重点项目包括气候变化、生物地球化学、电离层、格陵兰岛冰川、北冰洋海冰的研究。

挪威研究重点包括：片段长度多态性技术应用、生态环境科学、生物多样性保护、海洋和淡水生物学、渔业、应用技术研发等。

俄罗斯科学基金会资助的研究重点包括：北冰洋、海洋环流、深海、北大西洋、活性层、气候变化、古地磁学等。俄罗斯科学基金会重视对海洋环流的数值模型研究。

中国国家自然科学基金委员会侧重的研究与国际稍有不同，侧重对北极振荡、东亚冬季风、粒子沉降及平流层的研究。

从科学家获取数据和研究的地域选择来看，北极研究集中于格陵兰岛、斯瓦尔巴群岛、阿拉斯加、波弗特海、楚科奇海、白令海峡以及俄罗斯、挪威、冰岛和加拿大的北极地区。除了它们特殊的地理位置和通达的便利性因素外，科学家集中于这些地方开展研究的一个重要因素就是这些区域所提供的开展科研调查的后勤支撑条件较好。比如各国科学家的论文可以显示出斯瓦尔巴群岛的新奥尔松地区所获得的科学数据占据了相当大的比例。通过关键词共现网络图可以发现，关键词"北极"与"斯瓦尔巴群岛"之间的连线较粗，说明斯瓦尔巴地区作为北极科学研究基地的重要性非常显著。

关于北极人文社会科学研究包括三大类：第一类是关于当地社会的研究。主要是从人类学、历史学的角度研究北极居民，特别是因纽特、萨米等原住民的社会文化特征和历史变迁。近些年的研究加强了气候变化对当地社会影响的观察，从经济、医疗、教育等多个方面考察北极社会的适应力。第二类是关于北极区域治理方面的研究。从地缘经济变化看各国在北极利益的变化，以及这些国家维护这些利益出台的政策和措施。同时研究区域治理与北极国家中央政府和地方政府政策导向的协调性。第三类研究则侧重于北极问题对全球政治经济格局的影响。社会科学家将研究的重点放在与北极事务相关的各种治理机制之间的联系上，开展与北极治理相关的国际法、国际组织的研究。研究在气候变化和北极资源开发机会增加的背景下，重视解决气候变化和经济机会带来的经济利益分配和责任分担的问题。社会科学研究者也自觉地在自然科学发现和北极治理决策之间扮演桥梁的角色，让科学的逻辑与民主的逻辑有机地结合起来。社会科学家与自然科学家、国家政府、国际组织以及其他社会力量共同努力，促进了北极的有效治理。

第四章

科学家群体与其他行为体的互动

"治理"包括两层含义：一是建立起规范成员间关系的制度，形成有益的社会秩序；二是通过人类的有效活动解决自然环境中的问题。治理的要义在于为了特定的社会目的指导社会成员有序并有效地对资源进行配置和管理。① 因此社会成员之间的互动是治理有效性的重要观察指标。在北极治理中，除了少数科学家组织和科学家个人能直接进入治理决策层外，大多数的科学家组织和个人必须通过与其他行为体，如国家政府、国际组织、媒体、企业以及原住民组织和环保类非政府组织开展有益的互动，形成北极治理的合力，共同努力达成北极治理的效果。

---

① Gail Fondahl & Stephanie Irlbacher-Fox, "Indigenous Governance in the Arctic", *A Report for the Arctic Governance Project*, November 2009. http：//www. arcticgovernance. org/indigenous-governance-in-the-arctic. 4667323 – 142902. html

第一节 科学家群体与国家政府的互动

一、科学家与政府互动的必要性

在我们使用"治理"一词讨论国际秩序时，会强调治理与国家统治的区别，强调治理的多层级协调的含义，强调非国家行为体的作用。但不可忽视的事实是，无论是全球性的治理体系还是区域性的治理体系，都只是国家权威与民间机构之间一种政治合作体系，是国家行为体、市场力量和公民社会组织相互作用的过程。毕竟国家手中拥有最充分的资源和治理的工具，而且他们是国际治理机制的核心力量，也是对所管辖区域进行有效治理的主要责任者。国内民间势力和全球跨国非政府势力在国家政府的两端给其施加压力，其目的在于敦促国家政府重新调整资源，应对全球性挑战，避免全球事务无政府状态。因此在全球治理中，国家行为体仍然扮演着举足轻重的角色。

从其掌握的资源和能力来讲，国家政府仍然是治理过程中最重要的、最有能力解决问题的行为体。它有资源，有税收，还有众多可以利用的国家工具。国家政府的合法性来源于选民，也就是某个国家的民众，因此他们的代表性很有可能受限于某些局部利益。在环境、生态、传染病、消除核武器等问题的新型政治领域中，如果一个国家政府忽略了全球责任，就会成为追逐单一国家利益的"自私自利者"。

当今时代超越国家边界的全球政治议题快速增加。因为没有全球政府的存在，因为没有足够的全球公共产品的提供，全球治理处于资源匮乏，不可持续的状态。科学家群体和其他一些非政府组织联手在环境、气候、能源等领域与各国政府展开了既有冲突又有合作的互动，促进了全球治理，维护了全球公共利益。

二、科学家群体与政府之间的互动特点

国家政府是科学家争取北极科研经费的来源。国家政府对科学家群体同样十分重要，政府是北极科技的重要资金和后勤保障的支撑。支持北极科技发展的资源大多掌握在政府手中。政府及其下属的基金会如美国国家科学基金会（NSF）掌握着科学家从事相关研究所需经费和后勤保障的主要经费来源。其他国家如挪威、冰岛、韩国、中国、日本、德国相关极地研究所的经费都是源于国家的拨款。离开了政府的资金和科考保障体系，科学家自己或者民间团体很难支撑系统的科学研究。从第三章的一些统计中我们可以看到一些发达国家政府在七类与北极治理相关的研究基金支持上都名列前茅。在各国政府出台的北极战略和北极政策中，推进北极科技发展和积累北极知识都是这些国家政府政策的重要支柱。

科学家可以为国家的北极政策提供智力支撑。在北极治理过程中，我们看到许多科学家组织在国际舞台上积极活动的身影。科学家组织在现实国际社会中有多种组成形式：其一是作为国际组织的专家委员会或专家工作组；其二是政府间的科学合作组织，如国际北极科学委员会（IASC）、北太平洋海洋科学组织（PICES）；其三是国家政府资助的科学团体，如冰岛研究中心（RANNIS）、中国极地研究中心（PRIC）、韩国极地研究所（KOPRI）；其四是国际非政府组织的专家团队。其中第二类和第三类科学家组织都与政府有很好的合作，甚至代表政府开展极地科学领域的活动。生态与环境保护是科学家组织参与北极治理的最主要的领域。他们在重要治理领域与决策层和社会的关系主要表现为——为国家政府的治理制度

和治理行为提供智力支撑；代表国家为政府间国际组织提供科学依据和技术层面的工具；作为专业智库和咨询伙伴为政策和社会服务。科学家组织提供了治理所需要的专业技能，提供了可靠的治理技术路径和技术工具，科学家的政策建议和技术方案加强了国内治理和国际合作决策的合法性和有效性，使国家政府和政府间国际组织的政策变得更加有效。而且科学家提出的基于事实的政策（evidence-based policy）和基于技术有效性分析的方案，也提升了公众和政府支付政策成本（如对环境维护成本）的意愿。这也是为什么许多国家政府总是愿意表明，本届政府的决策是科学的和民主的。

科学家可以代表全球利益对政府构成压力和竞争。在另外一种情况下，也就是在价值观念和治理思路上与政府出现落差时，科学家群体也会提出与政府和政府间国际组织相竞争的治理方案，有时还会与非政府组织合作，为其环境保护和生态保护运动提供科学支撑。[①] 政府如果不愿意将有限资源投放到环境保护、温室气体排放的减少和环境立法上面来，很多的治理主张也只能停留在纸上，而不能转化为行动。科学家通过媒体宣导和国际游说，使得国际组织采取了相应的指南和宣言，在国内形成了对政府和企业的舆论压力。上述的第一类和第四类科学家组织，也就是国际组织下的科学家工作组和非政府组织下的科学专家对一部分国家政府会构成决策上的压力。对那些注重发展和开发的政府来说，这种压力会更大。

科学家群体对政府的作用可以概括如下：提出政策主张和治理方案，通过政策游说和提供信息提高了政策主张和方案的接受度。

---

① 刘贞晔："非政府组织、全球社团革命与全球公民社会的兴起"，载于黄志雄主编：《国际法视角下的非政府组织：趋势、影响与回应》，中国政法大学出版社，2012 年版，第 20—24 页。

科学家组织和个人在掌握信息方面具有独特的优势，特别是环境、海洋、生态、气候等方面的专业知识。这些知识在政策主张上对国家政府构成了竞争性，因此有的时候国家政府和国际组织并不是主动接受这些信息和相关的政策主张，这个时候科学家组织会与一些非政府组织结合，以各种方式宣导其治理主张，甚至在政府间国际组织会议期间举办平行会议，吸引媒体和公众，对国家政府和政府间国际组织形成压力，迫使其改变某些日程、立场和制度。

彼得·哈斯认为，对于国家行为体来说，控制知识与信息是权力的一种重要维度。[①] 面对科学家和其他非政府组织的压力，国家政府也不会轻易地放弃自己的决定权。联合国政府间气候变化专门委员会（IPCC）关于气候变化的评估报告是科学家根据科学事实和发展趋势做出的判断，同时根据可持续发展的目标规划出的路径和措施。各国政府保留了自己对 IPCC 报告的评审权力，调和了超国家科学权威和主权国家间的矛盾，避免了科学共识和政治共识的分化。同样，主权国家对 IPCC 报告的磋商和采纳，为后期气候谈判奠定了基石。潘家华教授认为在 IPCC 关于减缓气候变化社会经济分析评估报告中，可以明显地看到"科学"的成分中所体现的国家利益内容，以及国际政治妥协下的科学平衡。[②]

从政府角度来说，并非所有的政府都"自私自利"，但他们都需要在有限的资源条件下做出明智的决策，在保护环境和发展之间，在眼前利益和长远利益之间，在本国利益和人类共同利益之间做出平衡。因此政府在决策时需要科学家群体提供正确而全面的信息。丹麦总理拉斯穆森（Anders Fogh Rasmussen）在 2009 年气候科

---

① Peter M. Haas. "Introduction: Epistemic Communities and International Policy Coordination," *International Organization*, Vol. 46, No. 1, Knowledge, Power, and International Policy Coordination. (Winter, 1992), p. 2.

② 潘家华："国家利益的科学论争与国际政治妥协"，《世界经济与政治》2002 年第 2 期，第 55 页。

学大会上向科学家群体表达了国家政府的"真心":①

> "请大家理解我,在今天会议结束的时候,在哥本哈
> 根,我们这些政治人物要做出最后的决定,希望能确定具
> 体准确的数字。这也是为什么我在此向你们呼吁,不要给
> 我们提供太多太杂的需要实现的目标,因为目前这个进程
> 已经超乎寻常的复杂了。我们需要你们帮助来一起推动这
> 个进程沿着正确的方向前进。为此,我们需要固定的目
> 标、确定的数据,而不需要给我们太多的建议来说明各种
> 各样风险和不确定性。"

国家政府既不希望过度反应,也不希望无所作为。要一届任期
仅有几年时间的民选政府对未来几十年时间的气候变化和北极海冰
融化的速度、北极油气资源的可开采性、北极航道商业化运营的时
间做出反应,做出社会资源投放上的调整,政府需要准确无误的信
息和判断,减少决策的不确定性和风险,否则难以作为。

总之,科学家依靠专业优势和在公众中的道德形象,占据着知
识和道德两个高地,其独特的作用也是无法替代的。科学家群体具
有政府所不具有的信息来源,科学家提供的事实、理论、观念、模
型、因果关系和政策选择具有客观性和科学性。科学家的专业知识
和科学数据是做出明智决策的基础。由于环境、生态等全球性问题
的专业性和复杂性,国家政府在进行决策的时候需要专家的帮助。
科学家参与决策过程能够提高政策的质量,通过有效地启发民智,
使政策选择能被广泛认同。科学家所要努力的是保证能及时提供准
确的信息,提供社会和决策者当时所需要的信息。

----

① Roger Pielke Jr. , *The Climate Fix: What Scientists and Politicians Won't Tell You About Global Warming*, New York: Basic Books, 2010, p. 201.

第二节　科学家群体与国际组织的互动

一、国际组织与北极治理

政府间的国际组织是全球治理和区域国际治理的主要平台。如同一国政府是本国内外事务的管理者一样，国际组织在一定意义上充当了国际社会共同事务管理者的角色。管理全球化所带来的国际社会公共问题，解决国际无政府状态是国际组织存在的重要意义。就大多数政府间国际组织而言，其本质是一种国家合作的形式。当代国际组织大量涌现，它们在推动国际合作，增进人类共同福祉，稳定国际秩序等方面，具有不可替代的作用。

当前参与北极治理的国际组织在层级和专业领域方面呈现多样化趋势，既有北极理事会、巴伦支海欧洲北极理事会、北方论坛等区域性机构，也有国际海事组织、联合国政府间气候变化专门委员会、联合国大陆架界限委员会等全球性机构；既有综合性的国际组织，也有专门领域的国际组织。各类国际组织围绕着安全、经济、资源、环境保护、气候变化、极地科技、海上航运等领域协调立场，制定规则，规范行为，在促进北极和平、稳定和可持续发展方面发挥着重要作用。

全球层面的国际组织，重点解决全球性的共同挑战，反映的是全球的利益。例如，围绕冰冻区域的船舶人命安全和海洋环境生态保护，国际海事组织就召集国家代表、科学技术专家和航运企业代表一起制定《极地水域船舶航行安全规则》（International Code of Safety for Ships Operating in Polar Waters）。围绕着气候变化的发展趋势，世界气象组织和联合国环境规划署创立了政府间气候变化专门委员会，力图在全面、客观、公开的基础上，评估和解释人为因素所引起的气候变化及其后果。区域性和次区域性的国际组织，重点解决特定区域相关国家所面临的共同问题，以及成员之间出现的矛盾。在全球场域中，这些国际组织往往代表着区域的共同利益；在面对各成员方时，区域国际组织往往又代表着公共利益。北极理事会就是这样一个区域性的国际组织。该理事会为北极地区的环境保护合作与可持续发展提供了一个重要的治理平台。

国际组织的主要功能还在于维持国际社会稳定发展的秩序，制定相关的行为规范和原则，协调各成员方的利益和责任，对全球化带来的共同挑战通过集体行动进行治理。国际组织的问题首先在于作为成员的民族国家是否愿意通过国际合作实现共同目标，是否愿意接受国际组织倡导的原则和制定的规范，是否愿意拿出资源投入到国际治理的集体行动中去。在这方面，国际组织专家工作组作用的发挥帮助国际组织树立了权威，并提升了国际组织的议题设定能力。

国际组织的发展和演进反映了国际关系民主化的趋势以及国际事务决策科学化的特征。科学家群体在国际组织中作用的提升正是这一趋势的体现。虽然国际组织作为一个行为体，在条约和宗旨规定范围内享有参与国际事务活动的独立地位，且不受国家权力的管辖，但国际组织的成员，特别是大国成员往往有实际否决权或巨大的主导能力。在这种情况下，利用科学家专家组的知识权力和宣导能力是国际组织增加自身独立地位，提高与成员国博弈能力的有效手段。国际组织为成员国提供了一个协调立场的多边外交场所。围绕着可持续发展和全球治理，国际组织鼓励科学家为先导开展科技外交和专业论坛，为国家政府间的各层次对话，提供了一个达成共识、统一思想的中间环节。科学家群体积极促进国际治理机制和国际法律制度的形成，并监督各国政府和国际组织的行为。

二、科学家与国际组织互动的特点

涉北极治理的相关国际组织层级复杂，条块叠加，人们希望各国际机制之间能形成协调一致的有机联系。科学家群体实际上扮演着协调者的重要角色。科学家以专家的身份参与到北极治理的各个领域和各个国际组织中去，一方面了解到各个领域和组织发展的进度，另一方面利用多组织专家的身份开展协调，在重要议题中促进各学科的共同讨论，促进了各治理领域总体目标的一致性。科学家群体的复杂知识结构有利于以科学的方法将自然资源的勘探与开发、航道的利用、原住民社会发展等问题与区域生态、环境保护等领域的治理目标有机地结合起来。科学家群体通过参与全球治理进程，如联合国气候变化与可持续发展会议、联合国大陆架界限委员会、国际海事组织极地航行规则谈判等，引领涉北极的全球制度朝着公平、合理的方向发展。

北极治理制度相对于日益增长的人类活动来说存在着严重滞后的问题，这种状况必然会导致治理制度的跟进和变迁。在这个制度变迁过程中，科学家及其掌握的科学知识对北极治理制度的发展方向起着重要的作用。2012年"国际极地年IPY"蒙特利尔会议的主题是"从知识到行动"。我们从北极治理的主要活动来看科学家组织在治理的每个环节中的功能，就能充分反映出"从知识到行动"的过程。如图4-1所示，在形成社会共识的第一阶段，科学家主要任务是提供事实发现和科学解释以及解决这些新问题的知识体系；在治理制度、机构、政策形成的第二阶段，科学家的主要任务是向国际组织提供问题的领域分类、提供政策和机制方案、提供科学管理手段；在治理行动的实施和评估的第三阶段，科学家主要是为落实国际组织的治理方案提供相应的技术工具和方法。

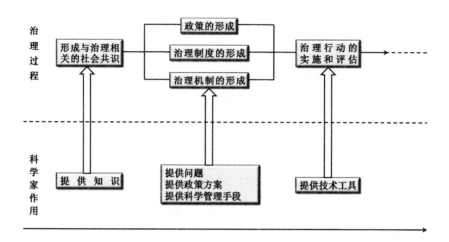

图 4 - 1　科学家组织参与治理主要作用示意图

　　科学家组织对全球治理议程设定的影响十分显著。科学家基于科学事实发现，在对新问题提出科学解释的基础上形成解决问题的知识体系，并据此在国际组织中提出解决问题的方案和时间表。这些基于事实准确性和技术可行性的治理方案使得政府代表只能以科学家提出的方案和时间表为基础进行讨论，并从政治资源投入的角度进行时间进度和程度的调整。有些科学家组织甚至帮助起草相关文件的初稿和草拟一些国际治理公约正式版本的附件。许多国际组织都在制度安排上给予科学家组织提供政策建议的渠道和场所，并保证这些咨询意见能够得到应有的反馈。

　　科学家组织在国际组织平台上既有强大的说服力，同时也必须做出必要的妥协。彼得·哈斯认为认知共同体必须获得政治权力，并且成为官僚配置中的一部分，才能影响机制形成和实施的过程。① 人们也看

　　① Andreas Hasenclever, Peter Mayer, and Volker Rittberger, "Theories of International Regimes," *Cambridge Studies in International Relations*, 2004, pp. 150 - 152.

到，作为政治结构中的一部分，科学家群体为达成集体行动的效率也会做出部分的妥协。欧洲学者托马斯·博诺尔认为政府间气候变化专门委员会 IPCC《综合报告》以及《决策者摘要》也受到政治的影响，因为委员会是由来自所有成员国的政府代表组成，而且最终需要得到它们的采纳。《决策者摘要》的关键措辞（并非工作组详细报告的内容）会进行一些政治层面上的磋商。不过，迄今为止各国政府并没有敢冒天下之大不韪者，出于政治目的去修改科学评估得出的主要结论。[①] 这也说明 IPCC 科学报告在政治领域的权威。

科学家参与政府间国际组织中的工作组活动，帮助国际组织完成具体的治理协调任务，这样可以保证国际组织的资源得到有效投入。在区域国际治理组织层级，北极理事会的治理优势并不仅仅在于由北极八国行使投票权以形成最终决策，同时还在于其基于科学考察成果的强大而具权威性的研究和评估能力。在环境、气候与可持续发展领域，北极理事会下属的专家组通过发布一系列科学研究基础上的评估报告向国际社会表达来自北极的关切，例如《北极气候影响评估报告》《北极人类发展报告》《北极生物多样性评估》《北极海运评估报告》及《北极地区污染报告》等。应对气候变化和环境保护仍是北极治理的重点，而船舶的航行规则、极地搜救、极地生物养护、海洋石油泄漏、碳排放控制等与北极开发紧密相关的行为规范的建立都是十分紧迫的任务。通过科学发现和评估的专业报告，科学家帮助北极理事会提升了决策水平，促进了各成员国通过国际合作推动治理的决心。在这个过程中，北极理事会收益巨大。它不仅提升了其北极治理在国际事务中的地位，它自身作为北极治理的首要合作平台得到国际

---

① ［瑞士］托马斯·博诺尔、莉娜·谢弗："气候变化治理"，《南开学报（哲学社会科学学报）》，2011 年第 3 期，第 12—15 页。

认可，借此北极理事会逐步从以环境为内容的地区论坛向具有决策能力的综合性的国际组织转变。

在全球化时代，科学家在国际组织中不再是一种边缘的角色，他们推动国际组织朝着更加科学、更加民主、更加符合全球利益的方向发展。他们与国际组织的其他工作人员一起发展出国际政治新的运行模式。全球化时代的发展，全球问题的产生以及信息化的网络联系给了科学家和科学家组织一个发挥重要作用的机会和平台。通过各种国际组织平台科学家们能够超越民族和地域，为全球治理发出自己的声音，做出自己的贡献。

第三节 科学家群体与北极原住民组织的互动

一、北极原住民组织与北极治理

在北极圈附近居住着大约 400 万人口，其中约 32 万人为原住民。北极理事会认定的北极原住民民族为 24 个。迄今，北极地区的原住民形成了北美、北欧以及俄罗斯等三大各具政治、经济和文化特色的区域群体。根据联合国经济及社会理事会的数据，截止 2012 年，北极 8 国的原住民组织数量已经高达 215 个。其中，俄罗斯 15 个，北欧国家 10 个，其余的集中在北美洲。①

1991 年北极 8 国环境部长会议签署了《罗瓦涅米宣言》。在宣言中原住民的权利以及他们在治理中的独特作用得到重视。宣言指出，北极国家充分认识到"原住民和当地居民与北极之间特别的关

---

① 数据来源于联合国经济及社会理事会的统计资料，参见联合国网站：http://esango. un. org.

系以及他们对保护北极环境做出的独特贡献"，① 为此，北极国家政府将提升与北极原住民的合作并将邀请他们的组织以观察员身份参与今后关于北极治理的会议。在北极理事会创建之初，加拿大政府于 1992 年提出了一份关于北极理事会的组织和结构的提案。提案建议除了环北极八国政府的代表外，还应该有北极原住民非政府组织的代表出席。加拿大政府提议将北极环境保护战略下的三个原住民组织定义为"永久参与方"（perminant participant），以便与其他身份的观察员区别开来。这一提议确立了原住民参与北极治理的特殊地位和权利。截止 2016 年底，在北极理事会中共有 6 个原住民组织成为永久参与方，分别是阿留申人国际协会（the Aleut International Association）、北极阿萨巴斯卡理事会（Arctic Athabaskan Council）、哥威迅国际理事会（Gwich'in Council International）、因纽特人北极圈理事会（Inuit Circumpolar Council）、俄罗斯北方土著人民协会（Russian Association of Indigenous Peoples of the North）以及萨米理事会（the Saami Council）。

进入 21 世纪之后，北极区域的原住民组织在治理中的作用日益凸显。原住民的权利、在地责任和传统知识给了他们参与治理的重要筹码。在现在各种各样的北极治理机制中，原住民的声音和主张都是不可缺少的。原住民的影响具体表现为以下两个方面：第一，北极原住民组织对所在国的国内事务影响力增强。在挪威、瑞典、芬兰的萨米人分别于 1989 年、1993 年、1996 年成立了本国的萨米议会。虽然萨米议会并非国家权力机关，不具有法人资格，但北欧各国的萨米议会以自我管理方式，对所在国内部促进萨米人利益和发展的政策制定具有重要的影响力。北美的因纽特人和阿留申人非政府组织虽然不具备北欧萨米人议会的形式，但同样对加拿大

① *Declaration on the Protection of the Arctic Environment.* Ministerial Meeting, p. 3. http：//www. arctic-council. org.

和美国内部的北极事务具有重要的影响力。第二，北极区域原住民组织跨国化发展日趋扩展。1992 年，俄罗斯的萨米人最终也加入了北欧萨米理事会，该组织也由此改名为萨米理事会。来自加拿大北极地区、格陵兰、阿拉斯加和楚克奇的因纽特人组织也共同建构起因纽特人北极圈理事会国际非政府组织。他们的主要诉求包括：避免气候变化带来的生存危机以及航道和资源利用带来的对原住民权利的侵害；保证在国际事务中民族自决权利的被尊重以及保有传统文化。

二、科学家与原住民组织的互动

科学家与北极原住民携手对重大问题直接发表意见能够影响北极治理方向和进度。科学家代表着全球责任，而北极原住民则可以代表在地责任，二者之间的合作可以共同对北极治理制度的发展方向起到推动作用。原住民是北极传统知识的拥有者和适应变化的实践者。北极原住民关于北极环境的知识源自他们世世代代的实践，源自其生产和社会活动的直接体验。科学界也应当从这些传统的北极知识中寻找合理的治理方式。

北极原住民和其他当地居民都是北极地区的主人。北极原住民在维护自身生存权、生活方式和文化传统的同时，对当地资源的处置等方面有着举足轻重的发言权。北极原住民的传统知识被认为是"通过经验和观察获得的知识和价值观，这些知识来自大地或神灵的传授并代代相传"。[①] 北极原住民的传统知识可以这样定义，它是一个不断积累的知识体系，其实践和信仰的演进是通过适应过程和文化的代际传递实现的，其主要内容是关于生物体（包括人类）之

---

① Frances Abele, "Traditional ecological knowledge in practice," *Arctic* 50 (4), 1997, P. iii-iv.

间的关系以及它们与其环境之间的关系。尽管北极各原住民群体的知识体系因为历史、文化、传统、地域和语言存在着较大差异，但它们所发展出来的独特的知识都是基于对气候、冰雪、自然资源、狩猎和旅行的认识。这些知识帮助他们世世代代在严酷的气候中得以生存和延续。主张建立绿色社会和生态政治的人士对传统知识有这样的理解："历史上，原住民的习俗往往善于适应当地条件，由此保护了自然环境。要实现保护生物多样性这一重要的环境目标，还得依靠世界各地传统社会当地思想文化中仅存的独到智慧，因为最贴近环境而生活的人最了解环境。"① 科学家往往只是在某一个季节前往北极进行考察，难以反映北极地区变化的全程。北极原住民常年生活在北极地区，他们是北极气候变化和北极生态的在地观察者。

从知识贡献方面讲，科学家可以收集和整理北极原住民的传统知识，观察北极的长周期环境变化，以适应的方式维护北极的生物多样性。在北极理事会及其工作组的许多报告中都引用了北极原住民对气候、环境、生态变化的描述。2003—2005 年，因纽特人北极圈理事会（Inuit Circumpolar Council，ICC）就利用其原住民居住点为科学家开展北极气候影响评估项目（Arctic Climate Impact Assessment，ACIA）提供实地观察和历史经验。观察范围从哈得逊湾北部到努那维克（Nunavik），再从萨奇（Sachs）港到美国的阿拉斯加因纽特居民区。在原住民的帮助下，这一评估项目不仅观察到现实的状况，也从当地老人的口述中了解长时间跨度的变化，提升了评估报告的可靠性。②

原住民的知识可以帮助北极治理确定研究的重点领域并深刻理

---

① ［美］丹尼尔·A·科尔曼著，梅俊杰译：《生态政治：建设一个绿色社会》，上海译文出版社，2006 年版，第 101 页。

② http：//www. inuitcircumpolar. com/index. php？ ID＝313&LANG＝En

解自然变化进程。① 北极理事会各个工作组的科学家会邀请北极原住民的代表参加工作组的报告会，甚至直接参加报告的写作。例如，原住民组织参与北极监测与评估工作组（AMAP），该评估报告中关于原住民生活方式以及传统饮食的这一章节就是由原住民非政府组织负责撰写的。北极动植物保护工作组（CAFF）的多个项目设计都使用了原住民知识，其中包括收集阿拉斯加地区原住民捕鲸的知识，创建一个原住民知识的数据库以及研究北极冰边缘的生态系统等。突发事件预防与反应工作组（EPPR）确定了北极地区原住民在紧急情况下的角色。原住民组织的参与让北极环境保护战略以及后来的北极理事会的各工作组的工作得以不断完善。

从北极治理平台的合作方面讲，科学家与北极原住民组织合作提出主张和议程的设定，等于是将知识权威与权利维护结合起来，能够更加有力地推动治理的主张。在北极理事会的每一次会议上，原住民组织都会参与进来。它们已经完全成为北极区域治理过程中不可或缺的重要行为体，影响着北极区域治理的整个进程。如格陵兰因纽特人组织（Inuit Nunaat）2011 年在一些科学家的帮助下，针对日益升温的北极资源开发势头发布了《关于资源开发原则的宣言》。② 宣言首先表明北极原住民参与北极治理的权利源自《联合国土著人民权利宣言》，基于这样的权利，因纽特人在宣言中针对资源矿产开发对政府、国际组织、企业和标准制定机构提出了具体的要求：应将最新的科学知识和技术标准与因纽特人的传统知识相结合，来确保资源开发项目可持续性目标的实现；标准制定过程必

① A. Kalland, "Indigenous Knowledge-Local Knowledge: Prospects and Limitations," in B. V. Hansen, ed., *AEPS and Indigenous Peoples Knowledge-Report on Seminar on Integration of Indigenous Peoples' Knowledge.* Reykjavik, September 20 – 23, 1994 (Copenhagen: AEPS, 1994); and B. V. Hansen (1994), p. 16.

② "A Circumpolar Inuit Declaration on Resource Development Principles in Inuit Nunaat," Inuit Circumpolar Council, 2011, (https://www.itk.ca/sites/default/files/Declaration% 20on% 20Resource% 20Development% 20A3% 20FINAL% 5B1% 5D. pdf)

须保证因纽特人的直接和有实质意义的参与；所有开发必须采用最严格的、最成熟的环境标准，必须充分考虑到北极自然条件；采矿作业和海上汽油开发过程中不允许将废弃物排放到土地和北极海水中；相关企业必须有效证明其在一种冰冻、破碎和重新结冰条件下仍有能力回收泄漏的石油，并建议将这一条作为防止北极水域油气泄漏的必要措施。宣言还特别强调资源开发的全过程监控与评估，要求在项目启动前、项目进行中、项目完成后，甚至场所废弃后，都要进行相应的检查和监控，对所有潜在的环境、社会经济和文化影响进行评估。

原住民的这些权利主张与科学家组织关于气候变化和环境生态保护的主张有机地结合在一起，促进了北极环境治理。与科学家的合作使北极原住民的呼声更加有力。北极理事会对此做出回应，在其发布的《北极近海油气开发指南》中专门列出一节来讨论北极原住民的参与。认为北极国家应该制定出能广泛吸纳北极原住民和其他北极居民参与的决策机制和政治结构，充分应用原住民的传统知识，使之在开发选址研究和资源利用与分配的过程中发挥作用。

第四节　科学家群体与企业界的互动

一、企业与北极治理

企业是工业品的生产者，是现代贸易的承载者，也是全球化的重要推手。现代文明离开了企业就没有发展。企业在追逐利益的过程中，发现机会，利用技术，促进创新。气候变化和北极治理的同步发展，给全球企业带来重大发展机遇，也带来巨大挑战。北极大量的石油和天然气储量，以及北极航道开发利用的前景都吸引着能源、航运等业界的企业在北极进行大规模投资前的布局和准备。北极治理的主要矛盾就是经济开发与生态环境保护之间的矛盾，以及人类经济活动增加与治理制度滞后之间的矛盾。那些有意在北极开发资源和利用航道的企业因此容易成为关注的焦点。

跨国企业的逐利性使之成为国际环境治理体系中的被制约对象。企业出于降低成本和追求利益最大化的需要，容易造成环境污染等"负外部性"状况。因此社会舆论、国内立法和国际制度都会要求企业更多地担负起环境责任和在地社会责任。北极极其脆弱的环境和生态必然引发政府和国际组织更加严厉的规范和环境保护组织更加激烈的抗议。2011 年 6 月 17 日绿色和平组织全球总干事库米·奈都率领来自 9 个国家的志愿者登上格陵兰岛西海岸冻结水域钻井平台上，要求该钻井的所有者——英国凯恩能源公司立即停止钻探，并公布其在北极泄漏石油的应急和善后计划。[①] 如果只讲经济效益，不讲社会责任；如果只讲商品的发展，不讲人的发展；如果只讲近期利益，不讲长期利益；如果只讲生产成本，不讲环境资源代价，就会导致企业的行为失范，社会制度的制约和法律惩罚会使那些不讲生产安全和环境保护的企业走向衰退。

企业也是落实治理措施和达成治理成效的主要载体。现在具有一定规模的企业都十分清楚，对于企业的长期发展来说，今后任何一种大的经济机会一定与环境保护和生态保护相关联，一定是那些具有先进的环境保护和生态保护能力的企业能获得这些经济机会。一定的制度环境会引导企业的发展，会改变它们对于环境保护的认

---

① http://www.greenpeace.org/china/zh/news/releases/climate-energy/2011/06/kumi-naidoo-boards-arctic-oil-rig/

识和态度。现代企业制度要求必须将社会责任和追求利润相结合。①
企业除了在社会上对治理体现责任外，其对治理更实际的贡献是在
企业内部的生产过程中产生的。在相关的国际法律和国内法律以及
社会舆论的制约下，企业将管理过程和生产过程与环境治理的目标
相协调，采取更加严格的管理制度和技术标准，使生产活动更体现
环境和生态友好。

　　企业内部的技术改造和技术创新能力是北极治理依靠的力量。
从治理所需的资源角度讲，跨国公司所拥有的技术能力和资本也使
之成为不可忽略的治理行为体。当一种生产因为环境保护不能达
标，优质企业一定会通过技术创新和技术改造使自己的新产品或新
的经营方式在新的法律环境下取得竞争优势。例如，当化石能源因
为其高碳排放量受到法律的限制，新能源汽车受到鼓励时，全球汽
车企业围绕新能源的电池、电机和充电系统展开创新，在激发新一
轮汽车市场竞争的同时，实现了减少碳排放的企业责任。再比如，
国际海事组织发布的《极地水域船舶航行安全规则》对行驶南北极
冰封区域的船舶提出了更高的技术门槛和环保限制。造船企业随即
开始围绕更高冰级和新燃料的船舶设计和建造展开竞争。一些在北
极地区开展经营活动的企业通过对新的管理制度和技术标准采纳，
通过技术创新和改造，形成了一系列行之有效的实践经验、管理制
度和技术标准，对其他进入北极的企业形成示范。冰岛前总统格里
姆松在 2013 年 10 月北极圈大会的开幕式上表示，围绕北极治理，
北极国家签署一些政府间的协议十分重要，但同样重要的是要意识
到缺少私营部门的参与会损害这些协议的可行性，因为企业可能比
沿岸政府掌握更多的资源。企业在应对这些紧急情况时也拥有更多
可使用的设备和行动能力。②

---

① 周中之、高惠珠著：《经济伦理学》，华东师范大学出版社，2002 年版，第 187 页。

② http://english.forseti.is/media/PDF/2013_10_12_Arctic_Circle_opening.pdf

二、科学家与企业的互动

今天北极环境治理主要针对的是日益增多的北极经济活动，特别是北极能源开发和航运开发造成的环境污染。在很多的场合，科学家在环境、气候等问题上与企业有价值观上的冲突。

从历史的发展角度看，科学家组织的崛起是为了对资本主义经济控制和利用技术进行重大修正。"技术的选择不是在孤立状态中进行的，它们受制于形成主导世界观的文化与社会制度。"① 如果现代技术破坏了地球，就说明此技术必定是受功利性世界观和资本主义经济的物欲至上价值观所驾驭。假如要让科学技术去修复地球，这种技术必须按照根本上尊崇自然和人类社群的宽泛价值观来构建。科学家不仅要发现问题的因果关系，创造新的世界观和治理理念，也还要将发明治理技术与保护环境的生态主义运动相结合，促进生产技术与环保技术的协调发展。

科学家希望通过研究和实践解决环境、生态、气候等方面的问题，企业为赢利所进行的经济活动，往往会使环境等问题更加严重。当然，科学家也是理性主义者，知道技术的发展、资源的开发同样是促进人类福祉的手段，他们所要寻求的是环境保护和经济开发的平衡点，当代利用和永续发展之间的平衡。科学家组织往往通过影响国际组织和国家政府出台各种国家规范、法令和技术标准，来制约企业的唯利是图、破坏环境和生态的行为，提升其环境保护的社会责任；另一方面科学家组织或科学家个人又参与到行业和企业之中，帮助它们进行技术改造并建立生产管理规程。企业也需要更加环保的技术，因此需要科学技术人员的帮助。而治理的过程社

---

① ［美］丹尼尔·A·科尔曼著，梅俊杰译：《生态政治：建设一个绿色社会》，上海译文出版社，2006年版，第26页。

会也需要企业的内部技术改造，需要企业的配合。二者之间，形成了一种相互冲突又相互利用的互动方式。

科学家通过国际组织的专家组工作或通过舆论施压要求各国政府制定法律、法规和其他强制性措施来促使企业规范行为，减少或取消无法保证环境保护的经济行为，进而减少对环境的破坏。国际海事组织的极地航运专家组所制定的《极地水域船舶航行安全规则》对船舶制造企业和航运业的船舶安全和生态环境保护提出了更高要求。① 作为一个强制性规则，它形成船舶进入极地水域更高的技术门槛和环保限制，要求相关企业为了极地水域的船舶安全和生态环境，向更严格的技术、操作和航行控制要求方向发展。极地航行规则几乎覆盖了船舶在极地水域航行的所有方面：既包括了从船舶设计、建造、设备、操作、培训到搜救事关船舶航行安全和人身安全的部分，也包括了同等重要的对南北极地区独特的环境和生态系统进行保护的部分。这些对于未来北极航线开通后，保证北极环境不受破坏，气体排放减少都会产生积极作用，但对于航运企业和造船企业都会构成巨大的经营压力和技术压力。

为了规范北极国家海上石油和天然气的勘探、开采、开发、生产和善后处理等经济活动，北极理事会成立了防止北极海洋油污染任务组（Task Force on Arctic Marine Oil Pollution Prevention），发布了《北极近海油气开发指南》（Arctic Offshore Oil And Gas Guidelines，AOOGG）。② 也为北极国家签署协议以防止北极油气开采活动造成的污染做了很好的准备。该指南的目标群体主要包括各国相关政府部门，也包括有意勘探油气资源的工业企业和行业协

① 中国船级社："国际海事组织船舶设计与设备分委会（DE）第53次会议介绍"，《国际海事信息》2010年3期，第10页。

② Arctic Council, *Arctic Offshore Oil And Gas Guidelines* 2009, http：//www. arctic-council. org/ index. php/en/document-archive/category/233 - 3 - energy? download = 861: arctic-offshore-oil-gas-guidelines.

会。指南提出北极近海油气开发的治理要遵循四个原则：即预防为主原则、污染者赔付原则、不断完善原则和可持续发展原则。① 其目的是要减少事故的发生，将防止污染的法律措施、技术措施、人员素质、管理措施和操作标准落实到油气开采的各个环节。它鼓励相关各方采用对环境有利的最高标准并规范自己的活动。2013 年俄罗斯石油公司（Rosneft）与埃克森美孚公司（Exxon Mobil Corporation）发表了一项在俄罗斯北极勘探油气过程中保护环境和生物多样性的宣言。由俄罗斯石油公司总裁伊戈尔·谢钦和埃克森美孚公司的总裁雷克斯·蒂勒森签署的宣言指出，他们在石油和天然气的勘探和开发过程中，将采取一系列措施，以保护北极环境和生态系统②。俄罗斯天然气工业股份公司（Gazprom）和俄罗斯石油公司对外表态，正通过技术改造和企业管理使其生产符合高水准的国家和国际标准。法国能源公司道达尔（Total）在北极资源开发中采取了负责任的态度。③ 道达尔的执行长马吉瑞指出，就目前而言能源公司应完全避免在北极大陆架地区钻探原油。若北极海域发生漏油，在冰冻而危险的海域将极难开展清理工作。

　　要采用更严格的技术标准和安全生产标准，要采用更为先进的技术，企业则需要与科学技术人员合作，以引进技术的方式，或以请科技人员加入企业研发团队的方式，促进生产技术的提高和管理环节的完善。企业中的工程师与参与全球治理的科学家有着重要的专业联系。我们将研究分为基础研究、应用研究和开发研究三类，参与全球治理的科学家主要集中于基础研究和应用研究两类，而企

---

① Arctic Council, *Arctic Offshore Oil And Gas Guidelines* 2009, http://www.arctic-council.org/index.php/en/document-archive/category/233-3-energy?download=861:arctic-offshore-oil-gas-guidelines.

② Rosneft, "Exxon sign environmental protection declaration for Arctic shelf development", *Interfax: Russia & CIS Business and Financial Newswire*, December 12, 2012.

③ http://www.greenpeace.org/usa/according-to-this-oil-company-arctic-drilling-is-a-bad-idea/.

业的工程师则侧重于应用研究和开发研究两类。要将治理任务在企业中得到落实，就需要科学家与工程师的通力合作。在国际法和国内法的制度约束下，企业仍然要开展竞争，率先以新的环境标准和技术标准开展技术创新和开发研究的企业必然在下一轮市场竞争中占得先机。科学家与企业工程师通过技术标准的合作创造了有利于治理目标达成的新的市场竞争。

科学家与企业互动的另一种方式就是与相关的行业协会合作，一起参与到北极治理制度的建设过程中。在国际海事组织关于极地冰区船舶航行规则的讨论中，专家工作组经常邀请相关的行业协会积极参与其中并发挥作用。如在解决极地冰区航行需要足够大的主机功率和保持一定水平的能效设计指数的矛盾过程中，专家组商请国际船级社协会（International Association of Classification Societies, IACS）提出合理的最大主机功率方案，涉及非强制性的措施，也得到广泛支持。代表超过世界上80%商业船队的国际航运公会（International Chamber of Shipping, ICS）提出的关于船舶冰级划分方案，在专家组讨论后就成为国际海事组织对在极地航行的船舶进行分类的技术依据。

科学家群体掌握着知识和技术层面的制度设计能力，而企业则具有经验、资本和技术改造能力，二者的互动可以产生良好的治理效果。北极治理需要企业有更好的自律精神和更环保的技术应用。同样，一个好的治理方案需要有效平衡各方利益，当然也包括企业利益。许多北极治理措施最后都应落实到具体的社会行为体上，特别是经济行为体的生活和生产过程中。当企业能够从科学家群体那里获得足够的知识和技术时，企业则可以借助这些知识和技术制定出在北极冰封条件下和脆弱生态环境下的操作程序和技术标准，并将这些标准有效地应用到开发的实践中去。

第五节　科学家群体与非政府组织
以及媒体间的互动

在北极治理问题上，非政府组织发挥着重要的作用。科学家组织和原住民组织都属于非政府组织。本节着重讨论的是科学家与环境保护类非政府组织之间的互动。虽然这些组织手中没有能够同政府相类比的权力和资源，也没有企业那样雄厚的资金和技术，但是这些组织凭借着保护人类生存环境的共同价值理念，汇聚全球众多的志向相同者的参与，形成了北极环境治理和生态治理中不可忽视的力量。

一、环保类非政府组织在北极治理中的作用

北极地区远离世界人口密集区，时常成为被国际社会遗忘的角落。提醒人们注意北极的快速变化及其对整个地球的影响成为许多环境保护类国际非政府组织的使命。这些组织通过舆论宣导、社会监督以及组织社会活动，促进对北极的有效治理。作为市场主体的私有企业，常常因为盲目地追求利润最大化而忽视自己的环境责任。随着企业在北极经济活动的增多，环保组织站到了为保护北极脆弱的环境开展社会监督的第一线。另外，各国政府或地方政府为了当地利益和眼前利益也会有一些不符合环境保护和生态保护的行为和决策，同样需要接受社会的监督。作为社会新兴力量的一个重要组成部分，非政府环境组织在国家、地区和国际层次一直发挥着重要的环境监督作用。目前在国际环境保护领域中，很多全球环境监测网都是由非政府环境组织建设的，很多的批评、建议和抗议也

来自非政府组织。

科学家群体与环境类非政府组织在参与国际制度建设的过程中所具有的合法性，不是来源于国家人民授权，而是非政府组织所具有的独立性和科学家职业的诚信度。他们可以更加自由地思考人类整体面临的挑战，采纳世界性的立场，而不用理会那些有局限性的国家利益。以科学家为核心的"非政府组织和公民社会并不是一种公共权力机关，它只是模拟了一个应当由世界政府扮演的全球公共利益代言人的角色，我们可以称其为模拟的公域。"[①]

在全球主张环境保护、生态保护的非政府组织的数量不胜枚举，以下以绿色和平组织和世界自然基金会为例，说明环保类非政府组织在北极治理中的作用。绿色和平组织是一个跨国的非政府组织，分支机构分布在 30 多个国家和地区，其总部设在荷兰的阿姆斯特丹。目前它有超过 1300 名的工作人员，还有数以千计的志愿者。这些人员包括环境问题专家、媒体人士、有政府工作经验者以及各种职业背景的人。绿色和平组织将自己的宗旨确定为：（1）保护物种多样性，确保我们的地球得以永久地滋养其千万物种；（2）避免海洋、陆地、空气与淡水遭受污染和过度利用；（3）应对核威胁，促进世界和平，全球裁军及不使用暴力。绿色和平组织的行为方式也十分特殊。这种被绿色和平组织自诩为"非暴力直接行动"（non-violent direct action）的方式实际上就是"被暴力"的行动方式，"指公众通过和平手段，采取直接的行动，表达对社会公平正义的要求，或是以此来达成促进社会变革的目的。"[②] 绿色和平组织是一个善于为了目的制造新闻的团体，通过一些激进的行为阻碍正常活动，甚至扰乱既有秩序。因为阻碍了正常秩序，各地行政当局

---

① 刘贞晔："非政府组织、全球社团革命与全球公民社会的兴起"，载于黄志雄主编：《国际法视角下的非政府组织：趋势、影响与回应》，中国政法大学出版社，2012 年版，第 35 页。

② http://baike.baidu.com/view/191689.htm?from_id=8802144&type=syn&fromtitle=%E7%BB%BF%E8%89%B2%E5%92%8C%E5%B9%B3&fr=aladdin

往往会对抗议者采取驱赶和拘捕等措施。这种行为方式使绿色和平组织的行为更具有勇士的色彩。绿色和平组织对此解释道，非暴力的直接行动有时会对某些日常运作构成短暂阻碍。这些行动的最终目的，是希望凸显有关政策或行为的不公正，给予强权强势一方极大的公众压力，迫使其让步。在绿色和平组织制造的"新闻事件"中，科学家常常被媒体请去做解读，解释控制污染和环境保护的意义。

世界自然基金会（WWF）自1992年开始在北极地区推进环保项目。全球约有5400人员投入到基金会的北极项目之中。为了应对北极快速变化及其环境和社会影响，基金会通过监测研究、社会宣传、参与措施制订和在地保护等多种手段，来参与北极治理。世界自然基金会通过发布报告，告诉世人北极气候是怎样影响整个世界的，鼓励整个社会行动起来以应对气候变化。与此同时，基金会还直接组织科学家和志愿者参与北极生态系统恢复工作，通过研究提出弥补和改善治理的建议；推广北极开发和治理的新思路和新方法，建立基于适应力的生态系统治理；努力实现经济发展与环境保护的平衡，为航运、捕鱼和油气资源的开发树立最佳范例。

非政府组织对企业和政府的责任监督是显而易见的。2012年12月，一场剧烈的风暴掀翻了荷兰皇家壳牌石油公司的"库鲁克号"（Kulluk）钻井平台，随即引发了国际环保组织对石油公司在阿拉斯加附近的楚科奇海和波弗特海开发的反对声。环保团体给美国内政部长肯·萨拉查（Ken Salazar）递交公开信，表明壳牌石油公司的一系列事故证明该公司没有能力在北极严寒水域安全地开采石油。要求政府在北极这样生态环境脆弱地区必须重新评估准许开发的授权。自然资源保护委员会和野生动物协会召开新闻发布会表

示，"北极钻井的危害胜过任何潜在利益"。① 为此，美国内政部
2013 年 3 月专门对壳牌公司的未来作业开出了一份监管要求清单，
并发起了新一轮对阿拉斯加北极水域油气开发活动的调查和评估，
重点就是安全和环保。由此可见，环保组织的压力可以促使各国政
府加强监管的力度。在北极发生的石油泄漏对海鸟、鱼类和一些海
洋哺乳动物产生的影响更严重。目前尚无有效的方法控制并清理在
海冰中的泄漏石油。自然修复在北极冰区是一个缓慢的过程，而且
任何清理工作在北极漫长的冬天将不得不完全停止。为此绿色和平
组织曾多次组织针对凯恩能源公司、俄罗斯天然气工业股份公司的
钻井平台上的"占领"活动，阻碍生产活动。绿色和平组织成员
本·艾利夫说："北极是北半球最后一个未被破坏的地区，我们很
难接受石油公司冒着引发灾难的危险在北极进行开采，我们会抗争
到底。"② 在国际非政府组织的压力下，英国的凯恩能源公司减缓了
它在北极的开发进度，法国道达尔石油公司也有意退出北极石油
开发。

二、科学家群体与非政府组织之间的互动

科学家与环境保护类的非政府组织之间在大多数情况下是互为
需要的。非政府组织需要科学家的知识权威和智力支撑，而科学家
则需要非政府组织的行动能力。很多科学家认同非政府组织的功能
和作用，并愿意与之合作，特别是当科学家的治理主张遇到了来自
国家政府和私营企业的阻碍之时。二者之间的合作方式也有多种：
其一，科学家参与到非政府组织所设立的各种研究项目中，为共同

① http://www.pbnews.com.cn/system/2013/02/16/001412878.shtml
② McKie Robin, "Greenpeace Fears New Deepwater Disaster", *The Observer*, London, 29 Aug 2010: 16.

的目标而工作；其二，科学家为非政府组织的社会运动提供数据和证据；其三，科学家直接参与到非政府组织的社会活动、社会动员中，如以科学家的身份撰写文章、在媒体中接受采访、为非政府组织活动造势等。

全球许多科学家参加到世界自然基金会在北极的科学项目中。通过科学家与世界自然基金会的合作，我们可以观察到二者之间的合作重点：（1）共同制订北极海洋治理路线图。科学家与世界自然基金会合作，经过监测和研究，共同发布了"国际治理与北极海洋规则报告"（International Governance and Regulation of the Marine Arctic）。报告基于当前北极治理机制的碎片化和相对滞后的缺陷，从顶层设立了北极治理的系统性和协调性规则，并且对渔业、航运、防止污染、油气开发、海洋生态保护各个领域的治理提出了具体的治理建议。[①]（2）共同规划北极动植物的保护蓝图。北极的快速变化给当地的动植物带来巨大的影响。一些动物在北极生物链上处于关键环节，气候变化使他们的生存受到威胁，进而威胁到北极的生物多样性系统。原先建立的各种动植物保护区已经难以实现其最初设定的对物种保护功能，需要与时俱进。世界自然基金会同相关领域专家开展了联合行动，从生态和社会双重意义的角度对北极保护区域进行了深度评估。在掌握环北极生态系统内在联系的基础上，为当地政府提供最佳保护区划分和保护措施方案。[②]在生物多样性方面，世界自然基金会重点关注于北极驯鹿、北极熊、海象和独角鲸等。保护工作包括对这些动物的种群数量、生存环境的监测，保证其重要迁徙通道和巢穴不受影响，防止和移除类似于油气开采、航运等工商活动对动物的影响。（3）围绕气候问题开展研究

---

① Timo Koivurova, and Erik J. Molenaar, *International Governance and Regulation of the Marine Arctic*, WWF International Arctic Programme, 2009.

② WWF, "Global Arctic Programme: A global response to a global challenge", *WWF factsheet*, Jan, 2012.

和宣传。世界自然基金会召集了各领域科学专家开展了多项在地研究，希望从整体上描绘出北极变暖的图画，而且从具体地点、具体物种、具体变化机理来揭示整个北极变化的驱动过程。通过科学家的实地研究出版了气候变化对北极影响的系列报告，其中包括了气候变化对北极社群、北极植物、北极渔类以及北极熊的影响报告。[①]环境保护类非政府组织并不满足于资助研究得出结论，而是希望推进国际合作和社会关注，形成对北极的有效治理。在促进国家政府、当地居民、私营企业形成环境意识的基础上，世界自然基金会广泛邀请科学家提供必要信息和知识帮助当地人民采取措施来应对生态系统的变化，同时帮助各国政府以及国际组织开展国际间的气候谈判，切实推动治理的落实。（4）促进经济发展与环境保护的共赢。北极不可能成为自然主题公园，生活在那里的人民需要经济发展机会。在开发的过程中需要强调的是"企业责任"。[②]世界自然基金会与当地人民和经济开发商保持沟通和协商，确保开发的速度和规模必须控制在脆弱的北极生态系统可以支持的范围内。为此，他们邀请科学家在研究北极生态规律的基础上提供对北极生态区域划分图。科学家群体把多学科和多元文化的经验带入北极的研究和治理中去，开展了一系列科学评估和治理计划。其中包括：北极气候变化评估、北极生物多样性评估和北极生态系统复原能力评估；北极物种多样性保护计划，建立相应保护区和其他养护的计划和措施；为北极原住民提供文化和知识保护的计划；针对北极的资源、航道开发，世界自然基金会参与制定北极水域航运规则，强调企业在北极开展经济活动的社会责任和环境责任，创立北极海洋石油污染防治最佳范例，参与制定石油污染防范和应对的法律文件等等。

---

① WWF, *Effects of climate change on polar bears*, *Effects of climate change on arctic vegetation*, *Effects of climate change on arctic fish*, WWF-Norway, WWF International Arctic Programme, 2008.

② WWF, *Drilling for Oil in the Arctic：Too Soon, Too Risky*, December 1, 2010.

这样的做法帮助了地方政府和相关企业合理选择开发区域和航运路线，避开生态极为脆弱的地区等，实现经济开发和生态保护的共赢。

三、科学家与媒体的互动

在信息化时代，科学家群体要想促进北极的有效治理，自然会特别重视媒体的力量。国际科学理事会主导的"未来地球计划"（Future Earth）就非常看重媒体在其计划中协同实施和协同推广的作用。协同推广注重的是透明度、解读能力、对话能力和响应能力。在他们看来，媒体就是搜集和传播信息的交流中介和组织，是网络和关注的中心。媒体代表了一种快速变化的景象，将在"未来地球计划"全过程中持续快速演变。它不仅是各种交流的出口，而且可以促进利益攸关者团体开展自己的研究，并有助于在区域和全球范围内、在不同的利益攸关方之间传递信息。①

媒体常常被称为社会中的"第四权力"。作为现代社会一个发达的产业，媒体可以利用先进的科技技术和高效的传播手段，掌控着信息和观念传递的主要渠道，成为公共知识、态度、规则、价值、道德和意识形态的引导者。现代媒体强大的覆盖能力，透过印刷品、广播和电视的声像制品以及互联网新媒体，让每一个社会成员都成为媒体的受众。媒体因为掌握着有效的表述方式和大量的"注意力资源"——读者、听众和观众，可以轻易地建立公众讨论的话题，就此生产巨大的社会影响力。

科学家与媒体的结合可以使知识的软权力效应成倍地放大。如第二章所讨论的那样，软权力是一种通过吸引而非强迫取得一个预期目标的能力。它可以通过说服他人遵守，或说服他人同意那些能

---

① 未来地球过渡小组编，曲建升等译：《未来地球计划初步设计》，北京：科学出版社，2015年版，第13页。

够产生预期行为的准则或制度来发挥作用。① 科学家与媒体的合作大大增强了传播的说服力。信息来源的可信度，即专业权威度和数据的真实性是影响受众的前提。科学家所具有的知识性的软权力可形成科学观念或文化的吸引力，进而形成塑造他人偏好的标准或制度的能力。媒体可以帮助科学家披露新发现，倡导新知识，树立新观念。通过舆论宣传，科学家和认知共同体的其他成员一起为建立治理机制和制度汇聚民间动力。许多科学家组织在媒体的协助下发布报告，兴办网站，举办会议，制作影视节目，对青少年进行科普和治理观念教育，加深人们对北极变化的风险认识。

科学家群体通过揭示北极变化的事实，预测北极变化的速度，研究形成变化的原因，以提醒人们关注并重视北极的环境。科学家通过与媒体的合作，把他们的预测传递到全球各个角落："人类导致的气候变化对北极的影响比原先预料的更早一些。如果北极气候变化按照目前的速度发展，2050 年 2/3 的北极熊将灭迹。"② 北极气候变化将对北半球的气候和天气产生致命的影响。全球洋流循环系统也会由于北极升温而发生变化。格陵兰冰盖的融化将造成全球海平面的上升。除非采取更加严格的温室气体控制措施，全球气候灾难性的变化将难以避免。北极海洋系统目前还发挥着碳汇的重要作用，但是海冰的融化、淡水的注入以及海水的酸化会使这种作用难以为继。北极土壤生态系统将继续吸收碳，但地表温度的上升将释放更多的碳。

上述这样的文字表述已经令人震惊，但远不及直观的视觉感受来得震撼而令人难忘。加州大学斯克里普斯海洋研究所的地球化学家莫里特（Michael Molitor）在著名电影《后天》中担任首席科学

① Nye, J. S. , *Bound to Lead*：*The Changing Nature of American Power*. New York：Basic Books，1990，pp. 31 – 32.

② Martin Sommerkorn & Susan Joy Hassol, *Arctic Climate Feedbacks*：*Global Implications*，WWF International Arctic Programme，August，2009.

顾问职务，为电影制作提供科学知识和基础科学资料。[①] 他在美国国会做过证，在京都的全球气候大会上发表过演说，但与电影剧组的合作使他感受到电影巨大的影响力。莫里特说："这部电影在帮助我们朝着正确方向前进方面的作用，远比在国会作证和所有的科学工作加起来有效。我23年持续在气候变化上的努力都不及这部电影来得重要。"[②] 这部电影在全球媒体中所受的关注度远远超过2001发布的"政府间气候变化专门委员会报告"。当人们从电影中看到自己的城市在气候巨变中变成了灾难之地，再也难以泰然处之了。美国前副总统戈尔在评价这部电影时说："尽管它是一部科幻电影，但其内容却以大量科学事实为基础。据联合国政府间气候变化委员会预测，本世纪末，地球的温度将升高2.7—10.5摄氏度。该影片的上映，开辟了一次争论的机会，让人们能够就环境污染会对地球气候变化带来何种危险展开讨论。"[③] 科学家群体透过同媒体和非政府组织的合作，以科学证据为基础，对治理的主要行为体不断提出政策建议，为北极治理调动一切可以调动的力量。

总而言之，在北极治理中，科学家及其科学家组织的作用十分显著。有学者言道，科学家组织是真正的NGO，是"对治理而言不可缺少的组织"（Necessary to Governance Organizations）。[④] 科学家组织在科学技术成果和政策之间、在各国政府之间、在学界与政府及社会之间、在政府和非政府组织之间架起了一个有助于通往有效治理的桥梁。科学家组织在当地国、区域和全球层面推动国际社会

---

① 《后天》描述了温室效应因无法遏制而将地球迅速拉进下一个冰河时代的过程，整个北半球陷入了暴风雪、龙卷风、海啸、地震等各种灾难之中。南北极冰山融化后将大量淡水注入海洋，罕见的飘雪出现在印度，雹灾重创日本东京，龙卷风横扫美国洛杉矶，大水排山倒海般地冲入纽约市，万吨巨轮随着水流驶进街道……。地球重新进入了一个新的冰河时代。

② https://www.yaleclimateconnections.org/2014/11/the-long-melt-the-lingering-influence-of-the-day-after-tomorrow/

③ 皇甫平丽：《哥本哈根大会的艰难抉择》，《瞭望》新闻周刊，2009年第50期。

④ ［美］史蒂夫·夏诺维茨：《非政府组织与国际法》，载于黄志雄主编：《国际法视角下的非政府组织：趋势、影响与回应》，中国政法大学出版社，2012年版，第46页。

利益和在地责任的可实现方案，在具体领域治理的同时，建立起全球的规范和道德。科学家组织从制度建设、政策制定、方案实施和监测管理多个环节的全程参与北极治理，成为北极治理多重行为体之间重要的协调者。

第五章

组织与功能：各类北极科学家组织的研究

　　科学家和科学组织在北极治理中具有重要的作用。中国是一个成长中的大国，参与包括北极治理在内的全球治理是中国走向强国的必经之路。中国科学家通过参与国际科学家组织的活动，体现中国科学家在知识和规制上的贡献，体现中国在全球议程的参与和存在，为中国在国际舞台上的国家利益实现和影响力布局做出努力。参与国际科学家组织的活动，是需要通过对具体的科学家组织进行逐一分析，对其功能定位、结构组成、影响力施加方式等多个方面进行研究。只有在此基础上，我们才能有目的、有针对性地推选我国优秀科学家参与其中；只有充分了解这些科学家组织的内部运作，我们的参与才可能实现效用最大化。

　　在本章中我们选取了几个有特色的科学家组织进行研究。其中包括国际北极科学委员会（IASC）、北极理事会中的工作组、国际北极社会科学联合会（IASSA）、国际海洋考察理事会（ICES）、国际科学理事会（ICSU）、政府间气候变化专门委员会（IPCC）等国际科学家组织。

第一节　国际北极科学委员会

一、国际北极科学合作的历史背景

在北极地区开展多学科的国际科学合作有着悠久的历史。1775年，由英国政治家、探险家康斯坦丁·约翰·菲普斯（Constantine John Phipps）率领的北极远征传统上被认为是第一次北极国际科学合作。该计划最早由法国探险家布干维尔（de Bougainville）提出，整个远征过程最终由英国皇家学会（British Royal Society）领导完成，欧洲多个国家的专家和科学家参加了这次活动。

在北极国际科学合作发展史上具有制度意义的事件发生在 19 世纪中晚期。1872—1873 年，奥地利探险家卡尔·维泼莱西特（Karl Weyprecht）领导了德国北极远征，他极力主张以共同商议的国际科学合作取代国家之间竞争性的地理探险考察。维泼莱西特发表了第一个关于需要开展国际北极科学合作的强势声明，并通过欧洲的学术和科研机构发起了一次科学界的运动。尽管前期遇到了不少怀疑和阻力，但最终他的想法还是被领先的科研机构认可，并引发了 1879 年国际极地委员会（International Polar Commission）成立和 1882—1883 国际极地年（International Polar Year，IPY）行动。

国际极地年是进行国际科学交流与合作迈出的最伟大的步伐之一。根据详细的极地和全球研究计划，国际极地年期间有 12 个国家举办了 14 项同步的极地科学考察活动，并在 25 个国家建立了 39 个永久观测站。这期间，根据严密、协同的合作观测计划，各参与方按照相应的时间设定，将获取的数据上报给中枢委员会，并向全世界公布。这项观测持续了整整一年。事实上，第一届国际极地年是历史上开展第一次国际协同观测。

第二届国际极地年（1932—1933）标志着对高纬度现象进行的另一次更大范围的协作研究。全球有44个国家参与，极大地提高了人们对高纬度物理现象的认识。考察站网络也得到了显著扩展，引进了新的技术，尤其是当时刚刚研制出来的无线电探空仪的应用，弥补了第一届国际极地年期间无法开展的高空观测的缺憾。

1950年，国际科学理事会（International Council for Science，ICSU）批准了于1957—1958年举办第三届国际极地年的决议。随着科学计划的发展，在整个地球表面系统地开展科学观测的要求变得愈加强烈而清晰。1952年，国际科学理事会经讨论认为应该以全球尺度来看极地，因此活动的名字被更改为国际地球物理年（International Geophysical Year，IGY）。然而，该计划对在极地地区开展国际科学活动给予了格外的重视。

随着IGY的启动，在1957年召开的国际科学理事会会议上，各国科学家认为应该对在极地地区开展国际合作给予特别关注，提出了成立北极和南极研究专门委员会（Special Committee for Arctic and Antarctic Research，SCAAR）的建议。然而由于地缘政治等种种因素，新成立的专门委员会并没有包括北极的研究。1958年南极研究专门委员会（Special Committee on Antarctic Research，SCAR）作为ICSU的科学委员会正式成立。这个名称后来被改为南极研究科学委员会（Scientific Committee on Antarctic Research，SCAR）。

在随后的若干年里，因为冷战的存在和东西方阵营的对立，北极也被划分为两部分。这一时期的国际科学合作基本发生在两大阵营内部，因此不是真正意义上的全北极合作。东西两大阵营的关系在1985年左右开始变化。这使得成立环北极科学组织的对话成为可能。从 1986 年开始北极国家召开了一系列会议，商议成立国际北极科学委员会（International Arctic Science Committee，IASC）之事。1990 年由 8 个环北极国家签署成立章程，国际北极科学委员会得以正式成立。这对各国的科学组织来说都具有里程碑式的意义。科学界历史上第一次有了覆盖整个北极和包含所有学科的国际科学组织。

二、国际北极科学委员会的组织和功能

国际北极科学委员会（IASC）是一个非政府的国际科学组织。成立 IASC 的目标是鼓励所有从事北极研究的国家间的合作和促进北极研究在各个领域的进步，通过促进和支持先进的多学科研究，加深人类对北极地区以及其在地球系统中的作用的认识和理解。IASC 的功能包括：（1）在一个环北极或国际层面发起、协调和促进科学活动；（2）提供机制和平台支持科学发展；（3）为北极科学事务和向公众交流科学信息指引方向并提供独立的科学建议；（4）确保北极科学数据和信息是受保护的，并且是可获得并可自由交换的；（5）促进所有地理区域国际开放，并分享知识、后勤支撑和其他资源；（6）通过与相关科学机构的互动促进两极合作。[①]

IASC 隶属于国际科学理事会，同时也是北极理事会（Arctic Council，AC）的观察员。其成员除了加拿大、丹麦、芬兰、冰岛、挪威、瑞典、俄罗斯和美国等北极国家外，还包括后来吸收的非北极国家，如法国、德国、意大利、日本、荷兰、波兰、瑞士、英国、捷克、印度、中国等国的科研机构。截至 2017 年 10 月，共有

----

① 国际北极科学委员会网站，https：//iasc. info/iasc/about-iasc

149

23 个成员方。①

早在 1991 年中国科学家就开始涉猎北极地区科学考察研究，并与挪威、美国、冰岛等国合作，在阿拉斯加北坡地区和斯瓦尔巴德群岛区域开展了科学考察，取得了一定的科学成就。在此基础上，中国科学院于 1995 年派出以秦大河为首的 6 人科学代表团（成员有高登义、张青松、刘健、刘小汉、赵进平）参加在美国举行的国际北极科学委员会（IASC）会议，就中国科学家申请加入国际北极科学委员会一事进行答辩。鉴于中国科学院在北极地区具有三年以上的考察研究历史，并有青藏高原的研究经验，还有发表的北极科学论文和著作，符合 IASC 的入会条件。次年，中国派出以陈立奇、秦大河为首的代表团出席 IASC 会议，从此，中国科学界成为 IASC 的成员。

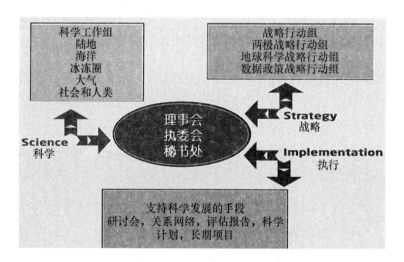

图 5-1 国际北极科学委员会的组织架构

IASC 由理事会（Council）、执委会（Executive Committee）和

_____

① 国际北极科学委员会网站，https://iasc.info/iasc/organization/council/council-members

秘书处（Secretariat）组成。IASC 理事会由来自 23 个成员国的科学机构代表组成，每年召开一次会议，通常在北极科学高峰周会议（Arctic Science Summit Week，ASSW）期间召开。该组织在两次理事会召开之间的活动由 IASC 执委会负责管理。IASC 执委会由选举产生的 1 名主席、4 名副主席和 1 名常设执行秘书组成。中国极地研究中心主任杨惠根于 2012 年 4 月当选 IASC 副主席，任期 4 年，是迄今为止中国国家代表首次入选 IASC 执委会。在 2016 年，杨惠根成功连任 IASC 的副主席。IASC 的秘书处设在位于波兹坦的德国 AWI 极地海洋研究所，负责 IASC 的日常事务。

自 IASC 成立以来，北极地区在科学、环境、经济和政治上都发生了巨大变化。北极治理迫切要求具有与时俱进的科学知识。在这种形势下，IASC 成立了陆地（Terrestrial）、海洋（Marine）、冰冻圈（Cryosphere）、大气（Atmosphere）、社会和人类（Social & Human Science）等 5 个科学工作组，目的在于确定科学重点，发起和促进多学科的科学项目（如图 5 - 1 所示）。科学工作组是 IASC 的主要科学工作实体，通过科学工作组，IASC 确定和形成科学计划，为 IASC 理事会提供科学建议，从而实现 IASC 的科学目标。这些科学工作组非常灵活，可以根据实际科学的需要成立或解散。IASC 同时下设两极战略执行组、地球科学战略执行组和数据政策战略执行组等 3 个战略执行工作组。战略执行工作组就长期活动或迫切需求的事项为 IASC 理事会提供战略建议。IASC 的组织架构为其发起和执行具有科研引导性的国际合作项目提供了工作机制，通过组织研讨会、发展北极合作关系网络和开展长期科学计划和项目等方式，促进北极科学发展的目标。

此外，IASC 还支持一些专题组织建立 IASC 网络（Network），如表 5 - 1 所示，解决北极范围内具体的科学问题，同时力争年轻科学家的积极参与：

表 5 - 1　IASC 网络

名称	网站
北极气候系统网络（ACSNet） Arctic Climate System Network	www. iasc-acsnet. org
北极海岸动力学（ACD） Arctic Coastal Dynamics	www. arcticportal. org/acd
北极淡水系统集成 Arctic Freshwater System Synthesis	网站筹建中
快速转型中的北极（ART） Arctic in Rapid Transition	www. iarc. uaf. edu/ART
环北极地区岩石圈演化（CALE） Circum-Arctic Lithosphere Evolution	www. cale. geo. su. se
北极变化国际研究（ISAC） International Study of Arctic Change	www. arcticchange. org
北极冰川学网络（NAG） Network on Arctic Glaciology	www. iasc-nag. org
古北极空间和时间门户（PAST Gateways） Palaeo-Arctic Spatial and Temporal Gateways	www. geol. lu. se/pastgateways
极地考古学网络（PAN） Polar Archaeology Network	polararchaeologynetwork. blogg. no

　　IASC 自 2006 年以来，截至 2017 年 10 月底，先后与 13 个国际组织签署了谅解备忘录、合作协议或合作备忘录，建立了合作伙伴关系，并保持着密切的联系。

表 5 - 2 IASC 合作伙伴

组织名称	协议类型	签署时间
极地早期职业科学家协会（APECS） Association of Polar Early Career Scientists	谅解备忘录 与 SCAR 联合签署	2008
环极地健康研究网络（CirchNet） Circumpolar Health Research Network	合作协议	2011
欧洲极地理事会（EPB） European Polar Board	谅解备忘录 与 SCAR 联合签署	2014
北极研究管理者论坛（FARO） Forum of Arctic Research Operators	谅解备忘录	2013
国际北极社会科学联合会（IASSA） International Arctic Social Sciences Association	合作协议	2008
国际冰冻圈科学协会（IACS） International Association of Cryospheric Sciences	合作协议 与 SCAR 联合签署	2008
国际海洋考察理事会（ICES） International Council for the Exploration of the Sea	合作协议	2011
国际冻土协会（IPA） International Permafrost Association	谅解备忘录 与 SCAR 联合签署	2009
太平洋北极工作组（PAG） Pacific Arctic Group	合作协议	2009
南极研究科学委员会（SCAR） Scientific Committee on Antarctic Research	合作协议	2006
北极大学（UArctic） University of the Arctic	合作协议	2011
世界气候研究项目气候和冰冻圈（CliC） WCRP Climate and Cryosphere	谅解备忘录 与 SCAR 联合签署	2008
极地科学亚洲论坛（AFoPS） Asian Forum for Polar Science	谅解备忘录 与 SCAR 联合签署	2016

IASC 非常注重对年轻一代极地工作者的培养。极地早期职业科学家协会（Association of Polar Early Career Scientists，APECS）是 2007—2008 国际极地年（IPY）批准的国际合作项目，也被认为是 IPY 主要的遗留成果之一。APECS 由从事极地事业的早期科学家成立和运行，从成立到现在得到了 IASC 和南极研究科学委员会（SCAR）的大力支持，IASC 通过为 APECS 成员提供差旅补贴等资金资助和指导 APECS 成员工作来支持 APECS 的发展。

IASC 奖章是用来授予那些对认识北极有卓越和持续贡献的人。自 2010 年开始，每年颁发一次。IASC 奖章一般由 IASC 主席在北极科学高峰周会议或由于特殊原因在其他重要的国际会议场合颁发。IASC 奖章被认为是一项非常荣耀的奖励。在过去 8 年里，曾有 9 位杰出科学家和科学组织者获此殊荣。他们分别是 Patrick Webber（2010）、Martin Jakobsson（2011）、Igor Krupnik（2012）、Leif G. Anderson（2013）、Julian Dowdeswell（2014）、Odd Rogne（2015）、Jacqueline Grebmeie（2015）、John Walsh（2016）、Terry Callaghan（2017）。他们以他们杰出的科研成就、坚持不懈地努力、卓越的组织能力以及非凡的远见获得了北极研究界的普遍尊重。

三、国际北极科学委员会的主要工作和成就

（一）北极科学高峰周会议

北极科学高峰周会议（ASSW）于 1999 年由 IASC 发起，主要在 IASC 成员国召开。截止 2017 年 10 月，北极科学高峰会已召开过 19 次峰会。北极科学高峰周会议由一个国际协调小组（International Coordination Group）进行组织，IASC 担任协调小组的主席，小组成员包括：太平洋北极工作组（Pacific Arctic Group，

PAG）、国际北极社会科学联合会（International Arctic Social Sciences Association，IASSA）、欧洲极地理事会（European Polar Board，EPB）、北极研究管理者论坛（Forum of Arctic Research Operators，FARO）、极地早期职业科学家协会（Association of Polar Early Career Scientists，APECS）、国际冻土协会（International Permafrost Association，IPA）和新奥尔松科学管理者委员会（The Ny-Alesund Science Managers Committee，NySMAC）等。北极科学高峰周会议为各个领域的北极科学研究工作者提供了交流、协调与合作的机会，既涉及科学合作又涉及管理和后勤保障协调，是北极科学研究组织最重要的年度聚会。

北极科学高峰周会议（ASSW）每年的活动内容不同。奇数年份里，ASSW 除了召开年度事务会议外，还召开为期三天的科学研讨会。研讨会为知识交流与跨学科合作搭建了平台，吸引了来自全世界的科学家、决策者、专家、学者、学生的参与。偶数年份里，ASSW 在年度事务会议之外，还召开北极观察峰会（Arctic Observing Summit，AOS）。AOS 是一个高层级的、每两年召开一次的峰会，目的在于为北极观察体系的议程设置、执行、协作和长期运行提供一个团体合作的、基于科学的指导。

2009 年北极科学高峰周会议在挪威卑尔根召开，除了年度事务会议之外，还举办了第一届科学研讨会。为期三天的研讨会吸引了来自世界各地的科学家、学生、政策制定者和其他专业领域的人员共 300 人积极参与。鉴于研讨会取得的巨大成功，北极科学高峰周会议决定从 2009 年开始每隔一年召开一次科学研讨会。2015 年是 IASC 成立 25 周年。IASC 在日本召开的北极科学高峰周会议（ASSW）期间开展成立 25 周年庆典活动，其中包括召开第三届北极研究计划国际大会（ICARP III）和编纂 25 周年 IASC 历史专辑，专辑内容包括：IASC 的发展、IASC 倡议、历届 IASC 主席的贡献、与其他机构的合作、IASC 秘书处、附录和支撑材料。此次庆典不仅有 IASC 的所有工作组成员和合作机构参与，同时还邀请了历届 IASC 主席与会。

表 5-3　北极科学高峰周会议

召开时间	召开地点
ASSW 2017	布拉格，捷克 Prague, Czech Republic
ASSW 2016	费尔班克斯，美国 Fairbanks, USA
ASSW 2015	富山，日本 Toyama, Japan
ASSW 2014	赫尔辛基，芬兰 Helsinki, Finland
ASSW 2013	克拉科夫，波兰 Krakow, Poland
ASSW 2012	蒙特利尔，加拿大 Montreal, Canada
ASSW 2011	首尔，韩国 Seoul, Korea
ASSW 2010	努克，格陵兰 Nuuk, Greenland
ASSW 2009	卑尔根，挪威 Bergen, Norway
ASSW 2008	瑟克特夫卡尔，俄罗斯 Syktyvkar, Russia
ASSW 2007	汉诺威，美国 Hannover, NH, USA

召开时间	召开地点
ASSW 2006	波兹坦，德国 Potsdam，Germany
ASSW 2005	昆明，中国 Kunming，China
ASSW 2004	雷克雅未克，冰岛 Reykjavik，Iceland
ASSW 2003	基律纳，瑞典 Kiruna，Sweden
ASSW 2002	格罗宁根，荷兰 Groningen，Netherlands
ASSW 2001	伊魁特，加拿大 Iqaluit，Canada
ASSW 2000	剑桥，英国 Cambridge，UK
ASSW 1999	特罗姆索，挪威 Tromsø，Norway

（二）北极研究计划国际大会

在过去的二十多年中，为推进北极研究合作和北极知识的应用，IASC 已举办了三届具有跨学科视角的前瞻性会议——国际北极研究计划大会（International Conference on Arctic Research Planning，ICARP）。ICARP 是对北极科学研究的长期规划，指导着北极科学研究的发展方向。事实上，IASC 的成立章程要求 IASC 定期举办这样的会议，以便"评估北极科学的现状，提供科学和技术咨询意见，促进合作，并与其他国家和国际组织保持密切联系"。

第一届 ICARP 会议（ICARP I）于 1995 年在美国汉诺威举行。在这次会议上，会议代表审查了北极科学的现状和一系列 IASC 支持的研究项目成果。

第二届 ICARP 会议（ICARP II）于 2005 年在丹麦哥本哈根召开，会议提出了 12 个前瞻性的科学计划，并在接下来的国际极地年（IPY）行动框架下促成了数个国际合作项目。

第三届 ICARP 会议（ICARP III）于 2015 年在日本召开。会议确立了未来十年的研究计划和工作计划。根据会议报告《整合北极研究——通向未来的路线图》ICARP III 的定位是：明确未来十年北极重点科研方向；协调各项北极研究议程；为政策制定者、北极原住民以及全球受北极变化影响的社区提供信息；在知识生产者和知识使用者之间建立建设性关系。北极科学应该提倡不同学科间的合作，并且必须在北极研究界和相关机构以外进行传播，将相关信息传递给关键利益相关者、决策者、未来的劳动力和公众。ICARP III 明确地将研究人员和知识的最终用户之间的知识转移作为工作的一个重点。国际北极科学委员会及其伙伴认识到，知识及其成功的传播需要利用专业合作伙伴的各类资源，需要制定明确的推广和传播计划，需要使北极科研工作对于广大受众而言变得容易了解，也更有意义。

ICARP III 将北极在全球系统中发挥的作用、未来气候动态预测和生态系统响应以及了解北极环境和社会的脆弱性及恢复力放在首位。具体如下：（1）北极在全球系统中发挥的作用。受全球气候变化影响，北极气候系统正在经历最快速的变化。这种加速变化的现象尚未被人们完全了解，但它正通过全球气候系统进行扩散。评估和理解北极气候的快速变化和"北极放大"现象，包括两者对大气环流和海洋环流的影响及其与全球气候系统之间的关系。科学家需要在未来的研究活动中，采用跨学科、跨尺度的研究方法，运用多元化的知识系统，把生物圈、社会圈和物理圈各领域联系起来开展研究。（2）观察和预测未来的气候动态及生态系统响应。必须持续加强观测工作，不断结合新的创新性建模方法，更及时地为北极居民和政策制定者提供信息。北极地区需要一套多方联合设计的，集地面观测、遥感、建模以及地方传统知识于一体的协作式北极观测复合大系统（system of systems）。同时明确北极国际化在"人类世"（anthropocene）时代的全球性影响。（3）了解北极环境和社会的脆弱性和恢复力，为可持续发展提供支撑。要想实现基础实施的可持续发展和创新，强化北极社区的恢复力，需要科学家、社会科学家、社区、政府和工业界联手。

ICARP III 的目标是：提供一个能够确定和协调北极科学重点的机制，并将这些科学重点以及不断变化的北极环境及其对地球的影响传达给决策者、北极居民以至全球社会。ICARP III 将是一个整合前瞻性、协作性和跨学科的北极研究和观测重点的过程。ICARP III 将促进 IASC 与国际北极社会科学联合会和北极大学的深入合作，并将充分促进 IASC 科学工作组、网络和合作伙伴组织的相互协作。ICARP III 不仅结合 ICARP I、ICARP II 和国际极地年的成果以及《北极的雪、水、冰和冻土》《北极海岸带状况》《北极适应力报告》和《北极人权报告2》等评估成果，还将考虑一些新的行动，比如北极变化国际研究（International Study of Arctic Change，ISAC）和北极可持续观测网络（Sustaining Arctic Observing Networks，SAON）等。

（三）国际极地合作倡议

2007—2008 国际极地年的许多活动在极地观测、研究和知识的实际应用方面为造福人类取得了重要的进步。因此，为保有国际极地年遗产，扩大这些成就被认为是一项重要的工作。有代表提出了国际极地十年（International Polar Decade，IPD）以维持国际极地年的历史成果。2011年4月，世界气象组织与俄罗斯水文气象与环境监测局合作在俄罗斯圣彼得堡召开了一个研讨会，专门讨论了IPD的最初想法，经过讨论会议代表同意将国际极地十年计划改为国际极地倡议（International Polar Initiative，IPI）。

IPI概念主要指在极地地区建立一个长期合作的全新架构，用来解决国际极地年确定的新挑战，优化和协调现有资源和设施，在开发区域建立协调一致的资源投放机制；并建立由对极地地区感兴趣的主要国际组织和机构的代表组成的专家指导小组，公正客观地分析当前极地地区存在的需求和问题，寻找解决这些问题的手段。2012年4月，在加拿大蒙特利尔召开的"从知识到行动"国际极地年会动力系列行动论坛（Action Forum Momentum Series）上，国际极地倡议（International Polar Initiative，IPI）的概念引起了与会者广泛的兴趣。专家指导小组一致同意应深入发展IPI概念，并决定在更大的公众平台上进行展示，以期得到国际机构的支持。

2012年12月，关于IPI的市政厅会议（Town Hall meeting）在旧金山美国地球物理学会（AGU）秋季会议期间举行，近40人参加了此次会议。与会者普遍认为建立以服务为导向的目标和国际协作是IPI建议的核心。在执行IPI的过程中还应吸取开展IPY的经验和教训，尤其是对数据的交换、储存和访问应给予充分的关注。科普宣传和教育活动也应更加明确地被包含在IPI概念里。

随后，IPI执行秘书在日本东京召开的第三届北极研究国际研讨会（ISAR-3）和在中国兰州召开的世界气象组织"极地观测、研究与服务"专家组（EC-PORS）第四次会议上均向大家报告了IPI概念，介绍了新建的IPI网站。通过与研究人员和资助部门的广泛讨论，以及在国际、国内范围内的不断推广，IPI概念不断得到更新和完善。2014年2月，在巴黎召开的IPI研讨会上，扩展后的专家指导小组决定对 IPI 概念进行调整，将该概念更名为国际极地伙伴倡议（International Polar Partnership Initiative，IPPI）。新的概念在新西兰召开的世界气象组织"极地观测、研究与服务"专家组（EC-PORS）第五次会议上得到推介，并根据世界气象组织的建议做了进一步修订。

（四）支持区域性的北极科技合作

在国际北极科学委员会的组织下，一个由关注北极科学的太平洋国家相关研究机构和个人组成的工作组成立，其名称为北极太平洋扇区工作组（Pacific Arctic Group，PAG），其成员来自北太平洋六国：加拿大、中国、日本、韩国、俄罗斯和美国[①]。北极太平洋扇区工作组的使命是作为一个北冰洋太平洋扇区的区域性合作组织，针对各类感兴趣的科学活动进行计划、协调和合作，其主要目标包括：明确北极太平洋扇区认知差距和优先研究需求，寻求相应手段来实施相关方案和活动；促进和协调北极太平洋扇区成员国间的科学活动；推动和促进该扇区数据的存取与集成；作为北极太平洋扇区的科学计划信息交流论坛；建立和维持与北极其他扇区以及其他相关科学机构间的直接联系。

2006 年 10 月在中国上海召开的秋季工作会上，确定了北极太平洋扇区工作组十大科学主题，分别为：（1）承担北极太平洋扇区的季节和年际海洋观测，该海域近年来夏季海冰消融最显著；（2）阐明北极太平洋扇区包括反馈途径在内的海洋和大气过程，这对中纬度气候变化至关重要；（3）监测北极太平洋扇区通过降水、径流输入、海洋输送、冰川和海冰融化的淡水输入，这将提升对中纬度气候变化的了解；（4）确定并监测北极太平洋扇区生态系统以及气

---

① 太平洋北极工作组网站，https：//pag. arcticportal. org

候变化生物学指示种（海冰、水体、底栖和高营养级生物）；（5）包括海冰厚度、范围以及气－冰－海相互作用在内的海冰热力学调查；包括海冰漂移、不同浮冰间的相互作用在内的海冰动力学调查；（6）阐明太平洋扇区大西洋高温入流水输入、北极热通量，以及相关生物多样性与大西洋种群入侵之间的相关性，绘制和监测包括通过加拿大北极群岛输出水在内的物理学途径；（7）北冰洋海冰覆盖区的海底测绘非常薄弱。显著的认知差距包括水深、生物多样性、以及海流及其时空变化；（8）通过白令海峡的太平洋入流水是热量、盐分、营养盐和生源物质（包括基因物质）输入至北极海盆的一个关键通道，它影响海冰覆盖、盐跃层形成和碳循环；（9）近岸过程和海底永冻层动力学是浅陆架区重要过程，它们受气候变化的影响；（10）太平洋通道的开闭在地质历史时期发生，对北极系统造成戏剧性影响。相对上述其他主题的短期研究而言，海洋沉积中的古记录能提供气候过程对比评估的长期记录。

北极太平洋扇区工作组设一个主席、两个副主席。执委会由主席、副主席和项目负责人组成。秘书处设在主席国。通常每年举行两次会议，春季会议在北极科学高峰周会议（ASSW）上召开，以事务性工作为主，包括各国北极考察信息的交流、与其他国际合作组织或国际合作项目的交流、项目讨论、组织改选等；秋季会议以科学研讨为主。会员不承担年费，ASSW 期间会议费用由 IASC 提供，秋季会议地点由成员国协商，承担方提供会议费用。

北极太平洋扇区工作组是一个年轻的区域性国际合作机制，但正在实践中逐步成长。中国在北极太平洋扇区工作组的酝酿、成立和发展过程中起到了非常重要的作用。[1] 时任中国极地研究中心主任的张占海研究员积极参与北极太平洋扇区工作组的筹建并担任了

---

[1] 何剑锋：《利用区域合作平台深入开展北极科学研究——以太平洋北极工作组为例》，载于杨剑主编：《亚洲国家与北极未来》，时事出版社，2015 年 4 月版，第 257 页。

首届副主席。2008 年 2 月北极太平洋扇区模式数据融合研讨会在中国三亚市召开，这是北极太平洋扇区工作组针对特定主题的首次科学会议，相关交流成果在国家海洋局极地考察办公室和中国极地研究中心合办的《极地研究》英文版专刊发表。2009 年在中国厦门召开了"海洋碳循环会议"。在 2010 年 10 月在中国北京召开的秋季会议上，与美方联合推出了"北极生物学断面监测计划"（Distributed Biological Observation，DBO）。

第二节　北极理事会中的工作组

北极理事会成立之初主要针对的是环境问题。因为对北极知识的缺乏，北极理事会在制度设计方面特别包含了对科学家作用的吸纳，除了吸收国际北极科学委员会作为观察员外，其中最具代表性的就是在北极理事会之下成立以科学家为主要成员的工作组（working group）和特别任务组（task force）。科学家针对特定的问题进行调查研究，并提交决策建议，进而推动北极治理政策的形成与执行。本节力图在对北极理事会各个工作组进行系统考察的基础上，探讨北极理事会中科学与治理的互动过程。

一、北极理事会工作组的形成

签署于 1991 年的《北极环境保护战略》（Arctic Environmental Protection Strategy，AEPS）是北极理事会的前身。为应对北极地区的环境问题，在芬兰政府的倡议和召集下，北极八国在 1989 年 9 月召开了第一次北极环境保护会议。后经过近两年的谈判，在 1991 年 6 月，北极八国签署了《北极环境保护战略》，旨在促进北极地区的国际合作，以保护北极地区的环境。《北极环境保护战略》并确定了联合行动的优先领域，着重解决由持久性有机物、石油、重金属、放射性物质以及酸化等引起的环境问题。加强北极国家之间的科技合作在《北极环境保护战略》中被置于重要的位置。该战略鼓励国际科学界开展必要的研究以拓展对北极的认知。要求既有的工作组和秘书处以高效的方式整合各方工作和成果。①《北极环境保护战略》最初设立了四个工作小组：北极监测与评估项目工作组、北极海洋环境保护工作组、突发事件预防反应工作组和北极动植物保护工作组。为应对气候变化以及加强北极地区的可持续发展，1993 年在第二次北极八国部长级会议上，又决定再设立可持续发展工作组。

为进一步应对北极快速变化带来的挑战，1996 年 9 月，北极八国在加拿大首都渥太华发布《成立北极理事会宣言》，决定成立北极理事会。北极理事会纳入了《北极环境保护战略》的所有工作，并且进一步提升了北极地区国际合作的制度化。作为一个实体性的国际组织，北极理事会在协调北极八国就共同关心的问题方面，具有《北极环境保护战略》无可比拟的作用。北极理事会延续了《北极环境保护战略》的工作组模式，另外还就理事会所面临的主要问题设置了特别任务组。

北极理事会目前共有 6 个工作组，每个工作组都有特定的任务（specific mandate）。各工作组均设有主席、管理委员会和指导委员会，并设有秘书处。各工作组管理委员会的成员由来自北极理事会成员国相应部委的政府机构代表、永久参与方的代表组成。获得认可的观察员国家和观察员组织可以出席工作组会议并且参与某些项目，另外，工作组也可以邀请各方面专家参加工作组。

---

① http://library.arcticportal.org/1271/1/The_Alta_Declaration.pdf.

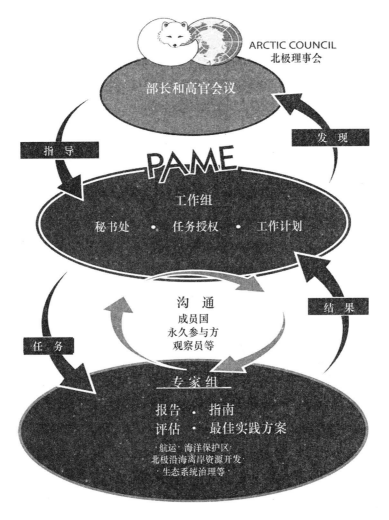

ARCTIC COUNCIL
北极理事会

部长和高官会议

指 导

发 现

PAME

工作组

秘书处 · 任务授权 · 工作计划

沟 通
成员国
永久参与方
观察员等

任 务

结 果

专家组

报告 · 指南
评估 · 最佳实践方案

· 航运 · 海洋保护区 ·
北极沿海离岸资源开发 ·
· 生态系统治理等 ·

图 5 - 2　北极理事会工作组内部功能与互动示意图

　　工作组的主席原则上从北极国家的代表中挑选，任期为两年。每个工作组还应挑选一个或多个副主席。主席的职能主要是召集和主持工作组会议，协调工作组的活动，监督工作计划的执行，代表工作组参加理事会内的其他交流会议，完成研究和评估报告后，呈递给北极事务高官会。秘书处的职能主要是为工作组和工作组的主席提供行政支持，如起草会议报告、分发材料和通讯、协调工作组活动、提供后勤支持、管理工作组网站、管理财务等。北极理事会工作组项目的执行，依据的是北极理事会部长级会议的授权，并对部长级会议负责，工作组任务的确定采取一致同意的原则。北极理事会工作组以及为其提供科技支持的专家组定期在每次高官会议和部长级会议之前召开会议，完成本领域的调查报告和政策建议。专家组的活动则在其工作领域根据科学进展和数据分析完成相关的评估报告、行动指南、最佳实践方案建议等，并交给工作组。在专家组和工作组层面，相应的评估报告、行动指南、最佳实践方案都可以在北极理事会成员国、观察员国以及永久参与方之间征求意见，最终上报北极事务高官会议以及一年一度的北极理事会部长会议。（参见图 5-2）

二、北极海洋环境保护工作组

北极海洋环境保护工作组（Protection of the Arctic Marine Environment，PAME）是 1991 年《北极环境保护战略》成立之初就设立的四个工作组之一，后来在 1996 年纳入到北极理事会的框架之下。北极理事会中关于北极海洋环境保护和可持续利用的职能主要由北极海洋环境保护工作组承担。它目前的主要任务是"对北极地区的污染情况和气候变化情况进行归纳性评估，同时要对发展变化的趋势、路径、过程以及对生态系统和人类的影响做出评估。进而提出减少威胁的行动计划供各国政府考虑和采用"。① 它以北极海洋环境的现状和发展趋势为依据，对全球和区域层面涉海洋环境的法律、政策进行评估，制定出符合《北极理事会海洋战略规划》

---

① Arctic council, *Working Group Common Operating Guidelines*, Approved intersessionally during December 2016. https://oaarchive.arctic-council.org/handle/11374/1853.

的措施，并向北极理事会提出进一步行动的政策建议。北极海洋环境保护工作组依据北极理事会高官会通过的两年规划中所列的工作项目开展活动。这些活动由北极海洋环境保护工作组的专家们牵头实施，内容包括北极区域的和次区域性的行动计划，就保护北极海洋环境免受陆源和海上活动所造成污染做出制度性安排，这些污染物包括持久有机污染物、重金属、酸化物质、油气污染以及放射性污染源等。

北极海洋环境保护工作组为保护北极海洋环境的国际合作提供了一个独特的合作平台。北极理事会中的永久参与方、观察员国家以及其他有兴趣的组织的代表积极参与北极海洋环境保护工作组的活动，北极海洋环境保护工作组与北极理事会的其他工作组也保持着密切的联系。北极海洋环境保护工作组的代表每年召开两次会议，来检讨他们的工作进展，讨论优先的项目领域以及制定未来工作规划。北极海洋环境保护工作组直接对北极高官会负责，通过北极高官向北极理事会的部长级会议进行汇报。北极海洋环境保护工作组由主席、副主席主持工作，主席、副主席的人选由北极国家的代表轮流担任。国际秘书处设在冰岛的阿库雷里。2015 年到 2017年之间，北极海洋环境保护工作组的主席为瑞尼·苏威（Renée Sauvé），为加拿大渔业和海洋部全球和北方事务司的司长。

北极海洋环境保护工作组自成立之后，每年向北极理事会部长级会议提交报告，就其所关注领域的主要问题提交对策建议。近年来，从其提交的报告来看，其重点关注的领域包括减少或防止北极地区海洋环境污染，确保北极海洋生物多样性及生态系统的功能，提升北极地区的繁荣和当地居民的健康，推进北极海洋资源的可持续利用。围绕北极航运的开通和北极近海油气资源的开采扩大的趋势，北极海洋环境保护工作组也增加了北极航运、北冰洋保护区建设、以生态系统为基础的海洋治理、防止北极海洋污染等方面的评估。例如减少北冰洋航运中重油使用带来的生态威胁，增加特定海域的生态保护与管理，针对近海油气开发提出"健康、安全、环境"三确保的管理和操作体系等。在此基础上，北极海洋环境保护工作组制定了《北冰洋保护战略计划 2015—2025》①。这一战略计划综合考虑了短期和长期的挑战和机遇，通过 40 个战略行动项目来实现四个主要战略目标：（1）提高北极海洋环境的知识，并继续监测和评估当前和未来北极海洋变化对海洋生态系统的影响；（2）养护和保护生态系统功能和海洋生物多样性，以增强生态的复原力和提供生态系统服务；（3）考虑到累积的环境影响，促进安全和可持续地利用海洋环境的生产方式；（4）提升北极居民以及北极原住民的经济、社会和文化福祉，增强他们适应北极海洋环境变化的能力。②

北极海洋环境保护工作组还主动将传统知识与现代知识融合，加强与北极理事会内部和外部的国际机制的联系。工作组可以根据工作需要邀请任何可以为相关项目做出贡献的个人和组织参与到会议和报告的写作中来。北极海洋环境保护工作组除了根据北极理事会确认的工作计划开展工作外，还主动与一些全球计划相衔接，例如政府间气候变化专门委员会（IPCC）的全球气候变化评估工作。针对其他政府间国际组织和非政府组织提出的合作要求，北极海洋环境保护工作组指示秘书处采取灵活的方式积极配合，以不对工作组的主要任务形成干扰为原则。

三、北极动植物保护工作组

北极动植物保护工作组（Conservation of Arctic Fauna and Flora,

① https：//oaarchive. arctic-council. org/handle/11374/413.
② file：///C：/Users/yjsiis/Pictures/AMSP% 202015 - 2025. pdf

CAFF）是北极理事会下辖的六个工作小组之一，工作组人员构成包括由北极理事会成员国、作为北极理事会永久参与方的北极原住民社团、北极理事会观察员国及相关组织指派的专家团队。1991年《北极环境保护战略》形成之初，八个北极国家达成了共识：鉴于它们所共享的生态系统以及动植物物种易受威胁的脆弱性，八国同意合作保护北极动植物，以及物种的多样性与物种栖息地，并为此设立北极动植物保护项目，为科学家、原住民及保护区管理者提供一个数据信息交流与共享的平台，以便开展更为有效的研究、可持续利用与保护。1996年的《渥太华宣言》宣告北极理事会的成立，北极动植物保护计划随即与其他几个工作组一起成为北极理事会的工作组。工作组的秘书处设在冰岛的阿库雷里，汤姆·巴瑞（Tom Barry）先生为执行秘书。

在接下来二十年的发展进程中，北极动植物保护工作组通过形成战略建议、评估与监测报告，并将其反馈至北极理事会，从而搭建起知识与政策决策之间的桥梁。CAFF影响政策制定最直接的方式即向各国驻北极理事会的北极事务高级官员（Senior Arctic Officials，SAOs）以报告和出版物的形式提交政策建议。两年一届的北极理事会部长级会议、一年一届的副部长会议以及半年一届的北极高官会议，是北极国家政府与其他参与方制定相关领域北极政策的平台。CAFF工作组需要确保工作组专家监测的信息和评估的结果能够传达到政策制定者手中，并成为影响政策制定的有效因子，建立科学界与政府之间、科学发现与政策决策之间的知识与信息互通的桥梁。

2013年CAFF发布《北极生物多样性评估报告》（Arctic Biodiversity Assessment）。该报告通过其建立起的北极环境长期观测能力，对北极当前生物多样性现状开展有效评估，就应对气候变化、基于生态系统基础的管理、确定生物多样性保护的重点领域、应对生物多样性应激源（Stressor）、增进知识与公众意识等方面提出了政策建议。主要建议包括：将气候变化作为考量生物多样性变化趋势的重要参照因素，提倡基于生态系统基础的管理，将北极生物多样性目标纳入北极治理政策中。评估报告的指导委员会（Steering Committee）由瑞典环境保护署自然与多样性部门负责人马克·马里辛克（Mark Marissink）担任，并召集了来自北极八国，以及德国、法国、瑞士、荷兰、澳大利亚等国的 30 余名科学家共同完成，该评估报告也得到了加拿大、丹麦、芬兰、挪威、瑞典、美国、北欧部长理事会等国家政府或国际组织的资金赞助。

CAFF 为动植物研究领域的科学家和科学家组织建立了全球性的联系网与数据共享平台，而这些信息共享不仅为 CAFF 参与北极相关领域的政策制定提供知识支撑，而且为科学家影响本国在北极动植物保护相关领域的政策制定提供支持。除了建立全球性的科学家网络，CAFF 与重要科学家团体、国际组织及公约、非政府组织签署了一系列合作协议，包括：（1）2009 年与极地早期职业科学家协会（APECS）签署的合作协议，鼓励青年科学家参与 CAFF 科研项目；（2）2010 年与《联合国生物多样性公约》（UN Convention on Biological Diversity，CBD）签署合作协议，提升北极生物多样性在全球生物多样性保护中的重要性；（3）2013 年与《联合国迁徙物种公约》签署合作协议，推动信息共享，协助迁徙物种的跨区域管理，尤其是非北极国家在此问题上的合作；（4）2012 年与《非洲—欧亚水鸟协议》（African-Eurasian Waterbird Agreement，AEWA）签署合作协议，致力于非洲—欧亚迁徙路径上的候鸟协同保护；（5）2013 年与东亚—澳大利亚候鸟迁徙路径合作（East Asian-Australasian Flyways Partnership，EAAFP）达成合作意向；（6）2012 年与《国际湿地公约》（即《拉姆萨尔公约》，Ramsar Convention on Wetlands），协调北极湿地的保护。除此之外，CAFF

与重要全球或区域组织发展了战略性伙伴关系，促进信息互通共享的时效性。

2014 年 6 月第二届中国—北欧北极合作研讨会在冰岛阿库雷里召开。在研讨会上，北极动植物保护工作组执行秘书汤姆·巴瑞先生就工作组的运行现状、职责及所面临的挑战做了全面的介绍，使在座的中方学者直观地了解了作为科学家团体 CAFF 工作组如何影响与参与北极理事会的治理决策，触发中方学者思考中国如何通过科学贡献影响北极治理决策。汤姆·巴瑞的发言中着重强调 CAFF 在过去几年的工作重点是使北极生物多样性问题纳入北极理事会主要议题之中，尤其是确保反映北极变化趋势的科学信息与数据以一种及时、可靠、易于理解的方式传达给政策制定者。

四、突发事件预防反应工作组

突发事件预防反应工作组（Emergency, Prevention, Preparedness and Response, EPPR）也是 1991 年《北极环境保护战略》成立之初就设立的四个工作组之一，后来在 1996 年纳入到北极理事会的框架之下。突发事件预防反应工作组的主要目标是保护北极环境免于由灾难性事件导致的污染和辐射威胁，同时对自然灾害的后果做出反应。工作组日常工作包括交换信息，讨论最佳实践方案，提出指导性建议，编制危险评估方法，实施应急能力训练和培训等。工作组每年召开两次会议，其中一次是年度大会，另一次是代表团团长会议。通过这些会议，突发事件预防反应工作组来讨论项目、建议以及指导方针等。另外，在工作组的年度会议期间，参会各方就防止、预防以及应对北极地区紧急事件进行信息交流。2017 年度，该工作组的主席为艾米·默顿（Amy Merten）女士。她是来自美国国家海洋大气局空间数据处的处长。副主席是挪威海岸署的别克莫（Ole Kristian Bjerkemo）先生以及丹麦国防司令部北极部的部长安德森（Jens-Peter Holst-Andersen）先生，其秘书处与北极理事会秘书处合署办公，地址在挪威的特鲁姆瑟，执行秘书为帕蒂·布兰斯（Patti Bruns）。

近年来该工作组的主要关注点包括突发性石油和有毒有害物质污染，放射性物质所引发的突发事件，自然灾害和其他危险事件等。其中一个重要项目是对于在北极地区应对漏油的合作机制及其不足进行评估。这一项目小组由挪威专家牵头负责。在 2000 年，该工作组发布了其对应对突发事件的当前国际安排和协议的有效性的评估报告。基于这份报告，在 2009 年工作组决定建立一个联络小组，在梳理既有国际协议的基础上，完善国际机制以应对国际水域中的石油和有毒有害物质污染的突发事件，并对《北极海运评估报告》提出建议和修改意见。2010 年，这一小组发布了《北极突发事件：当前和未来的风险、减缓和应对的国际合作》报告，指出了制度上和集体行动方面的差距，并拟定了完善制度和机制的建议方案。该工作组另一个主要项目就是由俄罗斯领导的北极救援项目（Arctic Rescue）。由于俄罗斯北极地区建有核电站、核舰艇基地以及危险和易爆设施等，存在事故隐患。同时"北方海航道"是保障俄罗斯北冰洋沿岸货运的重要通路，今后将成为国际主要运输线路之一，国际商船从俄罗斯北冰洋沿岸穿行的次数年年增加。北极救援是一系列在北极地区防止和应对紧急事件的机制，其设计的方案是首先在俄罗斯建立一个协调中心，以及拥有相当规模基础设施（包括飞机场、港口、道路、医疗服务站等）的联系和搜救网络，其中包括俄罗斯的三个地区：摩尔曼斯克（Murmansk）、迪克森（Dikson）和楚科奇（Chukotka）。俄罗斯也邀请其他国家建立相应的基础设施，并纳入这个网络中。2013 年俄罗斯紧急情况部在俄罗斯北极地区的纳里扬马尔、阿尔汉格尔斯克和杜丁卡建立的三个事故救援中心投入运营。此后将陆续增加投入另建 7 个救援中心。①

2016 年 3 月 "北极突发事件预防反应战略计划"（EPPR Strategic Plan）在北极高官会上获得批准。② 该战略计划反映了最新达成的北冰洋油气污染预防反应合作协议以及实施这一协议的操作指南。EPPR 通过从以往的事故和训练中吸取经验和教训来支持对北极航空和海上搜救合作协议的实施。EPPR 与北极理事会的其他工作组（如 PAME 工作组）合作负责北极海域油气开采活动的油污染防治合作计划的实施。

五、北极监测与评估工作组

北极监测与评估工作组（Arctic Monitoring and Assessment Program，AMAP）也是最初根据 1991 年《北极环境保护战略》的规定所成立的工作组，秘书处设立在挪威首都奥斯陆，其成员包括来自北极八国的代表、北极理事会永久参与方的代表，以及来自观察员国家和国际组织的代表。其现任主席是丹麦籍的莫顿·奥尔森（Morten Olsen），副主席是加拿大的卢塞尔·谢里（Russel Shearer）和芬兰的欧迪·马豪能（Outi Mahonen）。

北极监测与评估工作组的工作职责是"就北极环境现状和面临的威胁等问题提供可靠的、足够的信息，为支持北极国家的政府应对污染物及气候变化带来的负面影响以及应采取的行动提供科学建议"。北极监测与评估工作组的工作由北极理事会部长级会议以及北极高官会议领导。在北极理事会的要求下，北极监测与评估工作组也支持全球其他减少污染物和气候变化影响的国际行动，包括

---

① 林雪丹，"俄罗斯拟于 2015 年前在北极建立 10 个救援中心"，2013 年 12 月 28 日人民网，http://world.people.com.cn/n/2013/1228/c1002-23964534.html

② http://arctic-council.org/eppr/wp-content/uploads/2010/04/EDOCS - 3877 - v1 - 2016_03_16_EPPR_Strategic_Plan_Final.pdf

《联合国气候变化框架公约》《应对持久性有机污染物的斯德哥尔摩公约》以及《长距离跨境空气污染公约》等。

北极监测与评估工作组自 1991 年成立以来发布了一系列高质量的评估报告。评估报告议题涉及的领域非常广泛，涵盖了北极地区的人类健康、北极地区的持久性有机污染物、北极地区的放射性物质、北极地区的重金属污染、北极地区的油气资源评估、北极地区气候变化影响等方面，为北极理事会及北极国家政府的决策提供了有力的智力支撑。

北极监测与评估工作组在 1997 年发表了第一份综合性北极环境评估报告，该报告主要评估北极人口，尤其是北极原住民、北极动物（人类的食物）以及一些区域内被工业产品污染的部分水域和土壤，这些污染物不仅来源于俄罗斯，同时也来自于北半球所有国家（包括北极国家和非北极国家）的污染物排放。北极内的主要污染来源是军事行为（核试验和其他军事设施等）以及矿业和冶金业的生产行为。其中一些污染物严重影响人类和动物生活。AMAP 的这些评估结果经由各种途径被提交给各种全球治理论坛，促进了减少北极污染和全球污染的国际协议和行动。《关于持久性有机污染物（PoPs）的斯德哥尔摩公约》的达成就是一个显著的例子。此外，俄罗斯西北部放射性燃料、潜艇核废料的清除在很大程度上也是基于 1996 年 AMAP 报告中关于放射性污染来源的分析。产生影响最大的科学评估报告当属《北极气候影响评估》（ACIA）①。该报告发表于 2004 年 11 月，由北极理事会两个工作组 AMAP 和 CAFF 合作完成，项目得到了国际北极科学委员会的支持，来自北极国家和部分非北极国家的近 300 名科学家积极参与其中。ACIA 是第一个通过全面研究、充分参考和独立审查与评估的方式对北极

---

① http://www.amap.no/documents/doc/impacts-of-a-warming-arctic-2004/786

气候变化及其对该地区和世界的影响进行研究的报告。它评估了气候变化在北极的表现及其后果，如气温上升、海冰消融、前所未有的格陵兰冰盖的融化，以及对生态系统、动物和人类的影响等。2005 年工作组又发布了 1000 页与之相关的科学报告，充分支撑了《北极气候影响评估》的观点。这一报告对于 IPCC 的全球气候评估起到了关键性作用。

2011 年 AMAP 联合了国际北极科学委员以及世界气象组织气候和冰冻圈项目中的科学家一起完成并发布了《北极的雪、水、冰和冻土》项目报告。该项目由全球 200 位顶尖科学家合作完成，依据已有的观测数据和研究成果，重点报告了此前十年北极雪、冰和冻土状况的变化。主要结论和预测包括：2005 年以来北极气温达历史最高，北极夏季海冰将在 30—40 年内消失，格陵兰等北极冰盖将持续加速融化并助推本世纪末全球海平面上升。雪、冰和冻土状况的变化从根本上改变了北极生态系统，将对当地社区和传统生活方式构成严重挑战。

2013 年 AMAP 发布了《北极地区海水酸化评估报告》，又对北极海洋治理起到了重要作用。这份评估报告是以 61 位科学家为骨干完成的关于北极海洋酸化情况评估和应对建议的报告。报告列举了北极海洋酸化的事实及其影响：北冰洋正经历着大范围、快速的海洋酸化过程；海洋酸化的主要肇因是人类活动所造成的大气二氧化碳排放的增加；北极对海洋酸化十分脆弱和敏感；北极海洋的酸化在不同区域上的表现是不均匀的。海洋酸化对北极海洋生态系统的影响是巨大的，酸化会对北极海洋生物造成直接或间接的影响，有些生物对酸化后的海洋能够正面地加以适应，但相当一批生物会受到负面影响，甚至走向灭绝；海洋酸化对生态系统的影响还必须放在北极其他变化因素中一起加以考虑。海洋酸化还会对北极地区经济和社会产生潜在影响，首先是北冰洋鱼群种类的组成会因此改变，鱼群的数量和质量深受影响，贝类海洋生物所受影响更大，海洋酸化的这些后果进而对北极居民的生活、饮食产生影响。①

AMAP 报告组在评估的基础上提出如下建议：（1）督促北极理事会成员国、观察员国和国际社会行动起来，采取措施减少二氧化碳的排放；（2）建议进一步加强研究和观测，增加对酸化过程及其对社会生态系统影响的认识；（3）敦促成员国制定和执行相关战略来解决海洋酸化问题，以适应当地社会的需要。基于这份报告，2013 年在瑞典基律那召开的北极理事会部长会议的宣言中，北极国家政治领袖确认了这项议程。北极理事会的相关成员"肯定工作组关于北极海洋酸化的评估工作，我们认识到海洋酸化对海洋生物和当地人民的潜在影响，同意报告中的各项建议，认同减少二氧化碳排放是治理海洋酸化最有效的方法，为此我们要求所有北极国家能采取措施，跟踪并减缓海洋酸化过程……"。②从专家评估报告到政府和国际组织的宣言的过程，说明在海洋酸化问题上科学家的作用，是"从知识到行动"的一种具体展现。

在北极的持续观测是获得准确连续数据的重要技术保障，AMAP 工作组根据北极理事会和国际北极科学委员会的要求，与国际北极科学委员会和世界气象组织合作联合建立了北极持续观测网（Sustaining Arctic Observing Networks, SAON）。SAON 在 2011 年成立了董事会和执委会。董事会由北极理事会成员国代表、永久参与方和北极理事会工作组以及 IASC 和世界气象组织（WMO）的代表组成，非北极理事会成员国和国际组织也可以受邀派代表参加，并享有席位。董事会为项目操作，包括科学重点确定、项目批准、继

---

① AMAP, *Arctic Ocean Acidification* 2013: *An Overview*, Oslo, 2014, p. xi.

② http://www.arctic-council.org/index.php/en/document-archive/category/425 - main-docum ents-from-kiruna-ministerial-meeting

续和结题，提供指导和确定方向。执委会主席由 AMAP 工作组主席担任，副主席由 IASC 主席担任，执委会的其他成员由八个北极理事会成员国派出的一名代表、六个北极理事会永久参与方派出的一名代表以及 SAON 的执行秘书处组成。执委会负责董事会召开之间的 SAON 活动管理，确保 SAON 能够有效地完成目标。[①] SAON 的目标是通过加强现有"积木式"的合作与协同，提高北极范围内的观测活动，促进数据和信息的共享和集成。

AMAP 秘书处执行秘书雷耶森（Lars-Otto Reiersen）先生在接受本书作者访问时说："AMAP 是以科学为基础展开工作。来自北极域内外科学家为了得出科学的结论共同努力，携手做了大量的准备工作。AMAP 工作组努力将这些结论和建议付诸实践，以减少污染物和温室气体的排放。关于科学家如何能获得资格被提名进入专家组参与工作，这取决于工作的性质和问题的领域，也取决于专家在这一领域的声望。比如在海洋酸化问题上，工作组就需要化学、生物学和经济学等不同学科背景的专家。需要对专家的工作履历和其国际认可度进行严格筛选。关于工作形式和程序，AMAP 的专家们既可以聚在一起共同工作，也可单独开展工作。专家们从各自的国家数据库中提取原始数据，根据各自的研究领域，对所有有效的数据进行科学评估，形成各自的评估报告。然后通过互联网和其他通讯手段进行讨论。因此，专家们必须具备良好的口语和书面沟通能力，可以让所有参与专家都能分享各自的调查信息和评估方法。"[②]

AMAP 秘书处副执行秘书拉森（Jan Rene Larsen）先生在 2017年 10 月举办的北极圈大会上就观察员国的科学家如何参与 AMAP 工作组时介绍说："首先各观察员国可以提名本国的科学家参与工

① https：//www.arcticobserving.org/
② 根据杨剑的访谈记录整理。（记录时间 2016 年 8 月 11 日，美国）

作组下属的专家组工作，AMAP 工作组特别欢迎海洋酸化问题、气候变化问题、北极人类健康问题、汞和持久有机污染物的防止方面的专家加盟；另外观察员国的科学家可以通过 AMAP 项目的门户网站为项目增加有效科学数据和信息；再就是派员出席 AMAP 工作组会议参与审阅工作计划。除此以外，各观察员国还可以通过各自政府与北极国家之间的双边科技合作协议参与到 AMAP 的工作中来。"①

六、可持续发展工作组

可持续发展工作组（Sustainable Development Working Group，SDWG）是在 1996 年成立北极理事会的时候设立的，其主要职责包括促进北极地区的可持续发展，提升北极地区原住民和北极社区的环境、经济、文化和健康，提高整个北极地区的环境、经济和社会条件等。北极理事会的轮值主席国通常在自己的主席任期内指定 SDWG 工作组的组长。目前其主席是来自芬兰的佩卡·舍梅卡（Pekka Shemeikka）先生。可持续发展工作组的秘书处设在加拿大，执行秘书是伯纳德·范斯滕（Bernard Funston）教授。

可持续发展工作组的指导原则是，为应对北极地区的挑战及造福北极地区的人民而提供实践性知识和对北极地区的原住民提供能力建设。可持续发展工作组的活动与北极理事会的其他几个工作组的活动有些交叉，在具体执行方面相互促进。可持续发展工作组的活动主要集中在以下几个领域：（1）北极人类健康：通过发起和实施一些实质性的措施来提高北极地区居民和原住民的健康和幸福；（2）北极社会经济问题：促进对于人类活动对北极地区环境影响以

---

① 根据杨剑的访谈记录整理。（记录时间 2017 年 10 月 27 日，冰岛）

及北极地区人民和北极地区原住民社区社会经济情况的了解；（3）气候变化的社会适应问题：通过执行一些与北极气候变化相关的适应措施和行动来减少其脆弱性，进而加强北极理事会的职能；（4）能源和北极社区问题：在规划未来北极地区的计划和活动的时候，将北极地区当成能源消费者来看待，在能源开发行为中注重环境友好型经济活动；（5）管理自然资源问题：北极地区的原住民和北极社区的健康和经济发展有赖于北极地区资源的可持续开发，北极地区逐渐增多的航运、石油开发活动、渔业捕捞、采矿等问题都需要采取一种整体性的治理措施；（6）北极文化和语言问题：支持北极地区文化的发展，减少北极地区原住民语言的消亡，继续开展北极原住民语言研讨会及其后续活动。①

在美国担任轮值主席国期间（2015—2017 年），工作组开展了一系列的活动，提高观察员的参与度，主要项目包括：北极地区经济发展项目、降低北极社区自杀率研究和措施项目、健康北极社区建设项目、原住民青年与气候变化项目、北极适应力交流门户项目、北极能源峰会、北极远程能源网络学院、原住民语言的研究和发展项目、北极的食品加工生产项目、北极社区用水的健康与安全项目等。

按照北极理事会部长会议和北极高官会的指示，SDWG 工作组将在适当的领域以适当的方式继续整合传统和地方性知识，促进项目的发展。SDWG 工作组也十分重视与北极理事会在所有工作组开展跨领域合作，同时也将北极地区的可持续发展作为全球可持续发展中的一个特殊的组成部分。佩卡·舍梅卡先生在担任工作组主席时接受采访说："可持续发展与人的维度一直是我们工作组的核心工作。新的战略规划将更具战略性地指导我们北极地区的可持续发

①　https：//arctic-council. org/index. php/en/about-us/working-groups/sdwg

展工作。我认为我们应当思考如何更好地将联合国可持续发展目标（SDGs）与北极可持续发展结合起来进一步发展我们的工作和项目。"①

七、北极污染行动计划工作组

北极污染行动计划工作组（Arctic Contaminants Action Program, ACAP）最初是以北极理事会消除北极地区污染共同行动而建立的。2006 年 10 月，在俄罗斯萨列哈尔德（Salekhard）召开的北极理事会会议上才被赋予工作组的地位，成为目前北极理事会 6 个工作组之一。② 北极污染行动计划工作组的工作目标是为北极各国政府提供一个协调和支撑机制来鼓励各国的国家行动计划，以减少污染物的排放，进而减少污染给北极地区带来的风险。另一方面，这一工作组也作为北极减少污染的地区平台与全球范围内的相应机构合作，为国际合作治理污染做出贡献。

ACAP 工作组在主席领导下工作。主席每两年轮换一次，由北极国家代表轮流担任。工作组事务由主席、副主席和执行秘书共同处理。为保持工作的连续性，依照传统，本届副主席国家将在下一届任期内接任轮值主席。2017 年度 ACAP 工作组主席由瑞典环境保护署的韦斯特曼（Ulrik Westman）先生担任。ACAP 每年召开两次会议，讨论项目的工作计划，包括新的项目和任务；同时推动北极理事会跨工作组倡议。ACAP 的秘书处与北极理事会秘书处合署办公，设在挪威的特鲁姆瑟。ACAP 目前有四个专家组致力于保护北极环境免受污染，这四个专家组分别致力于解决持久性有机污染物

---

① https：//www. arctic-council. org/index. php/en/our-work2/8 - news-and-events/454 - pekka-interview

② http：//www. arctic-council. org/index. php/en/about-us/working-groups/acap

和汞的问题、危险废弃物的处理、原住民生活区的污染行动计划以及黑碳等影响气候变化污染物的解决方案等。

北极污染行动计划工作组在推动北极国家政府采取减少污染的行动方面起到了重要的作用。目前北极污染行动计划工作组减少北极地区环境和污染问题的项目分别包括：俄罗斯北部的废弃杀虫剂项目、减少北极国家汞污染管制项目、综合有毒废物项目、俄罗斯联邦多氯联苯逐步淘汰项目、挪威溴化阻燃剂排放根源之减少与根除项目、俄罗斯消除原住民污染物行动项目等。

根据 2015—2017 工作计划要点，ACAP 工作组要努力解决北极地区的黑碳问题，在运输和柴油发电机行业采用可再生燃料的替代品。到 2017 年底，工作组将建立防止污染的北极案例研究平台等。围绕改善原住民的生活环境，工作组将实施两个具体项目：一是为北极社区居民开展黑碳环境影响评估；二是扩大环北极环境观测网络。在此基础上，ACAP 工作组将继续努力减少北极地区的污染物如汞、废弃农药、二恶英、多氯联苯和其他危险废弃物。

八、北极理事会特别任务组

除了工作组之外，在北极理事会框架下还设有特别任务组（task forces）。特别任务组由北极理事会部长会议确定，就特定问题在一定期限内进行研究，实现预期目标之后，该特别任务即行终结。北极理事会工作组的专家以及北极理事会成员国的代表都可以积极的参与到特别任务中。截至 2017 年北极理事会共有 7 个特别任务组，其中三个已经完成北极理事会赋予的使命。

正在进行中的四个特别任务组包括：（1）北极海洋油污防治特别任务组（TFOPP）；（2）科学合作特别任务组（SCTF）；（3）炭黑和甲烷特别任务组（TFBCM）；（4）促进环北极地区经济发展特

别任务组（TFCBF）。北极海洋油污防治特别任务组的主要任务是厘清北极理事会如何能够更好地应对北极石油污染问题，提供实质性的行动计划，在合适的条件下，开展合作以执行北极海洋油污防治行动计划。北极海洋油污防治特别任务组最早的两次会议于 2014 年在挪威的奥斯陆和冰岛的雷克雅未克召开。在 2015 年的北极理事会部长级会议上，北极海洋油污防治特别任务组将发布其对策建议。挪威和俄罗斯共同担任北极海洋油污防治特别任务组的主席。

科学合作特别任务组的主要职责是促进北极 8 国之间在科学研究领域中的合作。俄罗斯、瑞典和美国共同担任科学合作特别任务组的主席。2013 年科学合作特别任务组召开了第一次会议，2014 年工作组在赫尔辛基召开会议，讨论促进北极科学合作的具体路径，包括协商达成科学合作谅解备忘录，交由 2015 年北极理事会部长级会议讨论决定。

炭黑和甲烷特别任务组的主要职责是在北极地区减少炭黑和甲烷排放而进行系列的制度安排。炭黑和甲烷特别任务组在 2013 年 9 月召开了第一次会议，将在 2015 年北极理事会部长级会议上进行汇报。加拿大、瑞典目前共同担任炭黑和甲烷特别任务组的主席。

促进环北极地区经济发展特别任务组的主要职责是推动环北极地区经济论坛的建立，这一论坛将为北极地区的经济和工业发展以及北极地区原住民的参与等提供一种制度化的安排。促进环北极地区经济发展特别任务组在 2013 年召开了第一次会议，在 2014 年 3 月在北极理事会高官会议上进行了汇报。加拿大与芬兰、冰岛和俄罗斯共同合作，担任促进环北极地区经济发展特别任务组的主席。

北极理事会已经完成的三个特别任务组分别是：（1）制度问题特别任务组；（2）搜索和救援特别任务组；（3）北极海洋油污应

急准备和应对特别任务组。在 2011 年 5 月 12 日颁布的《努克宣言》中，北极理事会成员国的部长们决定"加强北极理事会的职能，在挪威的特姆瑟建立北极理事会秘书处，且决定秘书处应当在 2013 年加拿大担任轮值主席国之前正式运作，以应对北极地区所面对的挑战和机遇。为了协助在特姆瑟建立北极理事会固定秘书处，在《努克宣言》中决定设立一个特别任务组，以"执行加强北极理事会职能以及建立秘书处等相关安排的决定"。制度问题特别任务组包括来自北极国家的成员以及来自永久参与方的成员。制度问题特别任务组在 2011 年 9 月在斯德哥尔摩召开了第一次会议，随后的两次会议分别在 2011 年 12 月在雷克雅未克以及 2012 年 2 月在特姆瑟召开。

2011 年 5 月，在北极理事会努克会议上，北极八国签署了《北极搜索和救援协议》，作为北极理事会成立以来的第一个有约束力的协议。在《努克宣言》中，成员国的部长们认识到"北极搜索和救援对于北极安全交通的重要性"。2009 年在挪威特姆瑟召开的北极理事会第六次会议上，正式成立了搜索和救援特别任务组，北极理事会成员国部长们认为，"建立这样一个特别任务组，在 2011 年的北极理事会部长级会议之前完成北极地区搜索和救援行动的国际合作谈判任务"。工作组共召开过五次会议。在《北极搜索和救援协议》签署之后，特别任务组就完成了其历史使命。

2011 年 5 月 12 日发布的《努克宣言》，北极理事会成员国的部长们决定"建立一个直接向北极理事会高官汇报的特别任务组，来研究北极地区的海洋油污应急准备和应对方案，并且与其他工作组协调工作，共同完成应对北极海洋油污的应对方案。至 2013 年北极国家签署《北极海洋石油污染预防与应对合作协议》之后，这一特别任务组的工作随即终结。

第三节　国际北极社会科学联合会

自然科学和社会科学是人类的两大知识体系。自然科学是人类对自然界客观事物及其规律的认识结果和归纳，社会科学则是人类对其自身及组成的社会客观规律的认识结果和归纳，两者既相互独立，又相互联系，共同构成了人类对整个世界的一个完整的互补的知识体系。随着科学技术的不断发展，两者相互交融和渗透的趋势也在不断增强。国际北极社会科学联合会（The Inernational Arctic Social Science Association，IASSA）的成立，正是适应了这两大知识体系日益相互融合发展的趋势，充分发挥了连接北极自然科学和社会科学研究的"桥梁"作用，在推动北极社会发展上扮演着越来越重要的角色。

一、IASSA 的创立

自北极进入人类文明视野之后，在发现北极、探索北极、开发北极的历史进程中，科学考察逐步取代探险，成为驱动人类认识和探索北极的最重要动力，积累了丰富的有关北极气候、地质、洋流、航道及其他重要环境系统的知识。与此同时，北极社会科学也取得了飞速发展，越来越显现出其独特含义和重要性。

与南极不同，北极是由多个陆地和岛屿国家包围的一片海洋，人类早在一万多年以前就已经开始定居于此。北极早期的人类是从欧亚大陆逐步迁移扩展而来，即古爱斯基摩人，亦称因纽特人，主要分布在从西伯利亚、阿拉斯加到格陵兰的北极圈内外，逐步形成了自己独特的语言和狩猎文化。① 而在欧洲最北端，最早生活在这里的居民是拉普人，亦称萨米人，主要分布在挪威、瑞典、芬兰和俄罗斯的北极地区，主要以养鹿为生，也兼营捕鱼、打猎和少量的农业，形成了独具一格的驯鹿文明，发展了适应于北极环境的经济类型。② 人类学家早就对原住民独特的文化传统、生活方式以及适应严酷北极环境的知识产生了浓厚的兴趣。根据北极理事会可持续发展工作组（SDWG）报告统计，到2013年，北极地区总人口已经达到400多万，而且在近10年来的发展进程中基本保持了这一规模。③ 这就使得北极社会科学研究的需求越来越强烈，加强北极社会科学研究的整合、交流、合作与信息共享，推进北极的可持续发展就成为北极社会科学研究者的共同追求。

国际北极社会科学联合会适应这一形势发展要求，在1990年于美国阿拉斯加州费尔班克市召开的第七届因纽特人大会上宣告成立。该联合会由选举产生的11个理事会成员和国际北极社会科学大会组成，后成为北极理事会的观察员，同国际北极科学委员会和北极大学有着密切的联系。

IASSA是建立在自愿会员制基础上的专业人士联合会，其目的在于在更广泛和更包容的基础上来定义北极和社会科学，将整个北极和近北极地区都包含在内，涵盖与人类学和社会科学有关的所有学科。联合会的成立适应了扩大北极社会科学交流的趋势，回应了北极变化对社会的影响以及北极治理的需求，获得了广泛积极的和热情的响应。该会成立之初，即有400多名个人和若干机构入会，

① 百度百科："爱斯基摩人"，http：//baike. baidu. com/view/6122. htm。

② 维基百科："北极地区"，http：//zh. wikipedia. org/zh-cn/%E5%8C%97%E6%9E%81%E5%9C%B0%E5%8C%BA#. E5. 8C. 97. E6. 9E. 81. E5. 8E. 9F. E4. BD. 8F. E6. B0. 91。

③ Joan Nymand Larsen & Gail Fondahl（eds.），*Arctic Human Development Report*：*Regional Process and Global Linkage*，2014，p. 53. http：//norden. diva-portal. org/smash/get/diva2：788965/FULLTEXT01. pdf.

此后逐步发展到600多名会员，遍及30多个国家。IASSA最重要的活动是汇聚、宣传和交流北极社会科学研究信息，召开国际北极社会科学大会（The International Congress of Arctic Social Science，ICASS)，指导和开展北极社会科学研究，被广泛认为是国际北极社会科学家共同体和民主治理的合法代表。

二、IASSA的宗旨和指导原则

IASSA在1992年召开的国际北极科学大会第二次全体大会上通过了联合会章程，确立了其指导原则。联合会的目的在于促进研究者和北方居民之间的相互尊重、交流和伙伴关系。IASSA要实现的具体目标主要包括以下几个方面：促进并激励国际合作，在国际北极研究中增强社会科学家的参与；促进与其他相关组织的交流与协作；促进在北极社会科学研究上科学信息的搜集、交流、宣传和整理，它包括对北极社会科学家注册和研究规划的汇总，以及专题研讨会和大会的组织工作；增进公众对环北极事务和研究成果的意识；认识到社会科学和北极地区人民之间并非相互独立的群体，应促进两者之间的相互尊重、交流和合作；促进研究以及教育伙伴关系同北极地区人民之间的发展；在文化、开发和语言方面推进与北极地区相适应的教育，包括社会科学的训练；采纳并推动关于北极研究的伦理原则声明。通过这些工作目标，社会科学家发挥了能在科学和政策之间、政策和公众之间建立起桥梁和汇聚共识的作用。

IASSA在具体开展北极社会科学研究方面提出了一系列要求和指导原则。它要求所有在北极的科学调查都应该从潜在的人类影响和利益的角度进行评估，并明确表示，社会科学研究，特别是以人类为主体的研究，都需要包括经济、文化、社会层面和对原住民精神价值的思考。

具体来说，其指导原则主要包括以下几个方面：社会科学研究应当与本地区和当地规划紧密结合起来。社会科学研究应当咨询相应的地区机构和当地政府有关其范围内的研究规划，要和当地政府达成共识。社会科学研究应当与当地人民紧密结合起来。研究者应当咨询并尽可能地将当地人民吸纳到项目规划和贯彻中，应当给他们提供表达他们利益和参与研究的实实在在的机遇。社会科学研究成果应当与当地人民分享。应当将研究结果向当地社区用非技术的话语进行展示并尽可能地翻译成当地语言。应当让地方社区能够获得研究报告和其他相关的材料。研究人员必须尊重地方文化传统、语言和价值观。应当努力将地方和传统知识以及经验整合进来，并且要承认文化所有权的原则。研究应当努力为当地人民提供有益的经验、培训和经济机遇。关于人和社会的研究应当用尊重人们的隐私和尊严的方式来进行。社会科学研究要符合国际、国家和地方法律和条例，研究活动要获得地方和在地居民的赞同。

从这些目标和指导原则来看，IASSA 的使命事实上已经超越了科学合作，包含了数据管理和宣传、教育、扩展、与北极居民之间的关系以及研究伦理。IASSA 倡导负责任的研究，要在与北极居民建立伙伴关系并遵循现当代伦理原则的基础上来开展研究。

三、IASSA 组织机构和国际北极社会科学大会

IASSA 组织机构主要由会员、会员大会和理事会及秘书处组成。会员包括三种享有不同权益的会员：第一种是正式会员，是缴纳会员费后正式注册的，对所有参与北极社会科学研究和事务的人员开放，拥有参与大会、投票和信息获得权。第二种是附属会员，是与联合会有联系的协会或机构成员。第三种是非正式会员，对所有关心北极社会科学的人员开放。联合会主要通过电邮名单、网站

和实时通讯等沟通渠道将会员紧密联系在一起。

IASSA 最高的权力机构是全体会员大会，也就是国际北极社会科学大会（ICASS），每 3 年召开一次。该大会是国际北极社会科学研究的盛会，汇聚世界各地成员共享关于北极最新的社会科学研究成果。联合会自 1990 年成立以来，迄今共召开了 8 次全体会员大会。

第一届大会于 1992 年 10 月 28—31 日在加拿大的魁北克召开，主题为"北极的社会科学"。

第二届大会于 1995 年夏天在芬兰的罗瓦涅米和挪威的科图柯诺联合召开，会议主题为"北极社会的统一和多元"。

第三届大会于 1998 年 5 月在丹麦的哥本哈根召开，大会的主题为"环极地北方的变化：文化、伦理和自治"。

第四届大会于 2001 年 5 月 16—20 日在加拿大的魁北克召开，大会的主题为"传统的力量：认同、政治和社会科学"。

第五届大会于 2004 年 5 月 19—23 日在美国阿拉斯加费尔班克大学举行，大会主题为"北极社会体系的地方和全球尺度"。

第六届大会于 2008 年 8 月 22—26 日在格陵兰岛的首府努克举行，大会的主题为"社会科学在 2007—2008 国际极地年的机遇和挑战"。

第七届大会于 2011 年 6 月 22—26 日在冰岛的阿库雷里举行，大会的主题为"全球对话中的环极地视角：超越国际极地年的社会科学"。

第八届大会于 2014 年 5 月 22—26 日在加拿大乔治王子城的英属北美哥伦比亚大学校园举行，主题是"北极的可持续性"。此次大会共收到 400 多个参会申请，570 多份会议发言摘要。5 天会议主要体现在 13 个分专题中，包括：北极文化，可持续概念和和理念，教育，环境和气候变化，治理，卫生和福利，技术和历史，语言和人类，国际关系和法律，可再生资源，研究方法，资源发展，城市、共同体可持续性等。

第九届大会于 2017 年 6 月 8—12 日在瑞典于默奥大学举行，大会的主题为"人民与居住地"。会议之所以以此为主题，主要是考虑到北极是 400 多万人民的家乡，而北极快速而深刻的变化，给居住在这里的人们和地方既带来了机遇，更带来了挑战。这些挑战包括气候变化、产业开发、环境污染、全球化、迁居、食品和水安全等，也带来了不断扩大的社会经济鸿沟。社会科学研究要对解决这些挑战承担更多的责任。

IASSA 的日常管理工作则是由联合会理事会和秘书处来开展的。根据 IASSA 联合会章程，理事会由 11 名成员组成，从联合会正式成员中选举产生。理事会成员主要由三部分代表组成：一是代表国家/地区的会员，即来自于北极 8 个国家和格陵兰的会员；二是来自原住民的会员；三是其他会员。理事会成员候选名单由上届理事会提出，经由全体大会选举产生，当选理事任期 3 年。理事会每年至少开会一次，代表联合会负责组织每 3 年召开的国际北极科学大会。在大会召开空闲期，理事会负责推动联合会的工作，采取行动贯彻联合会的协议和政策。

四、IASSA 与其他国际组织的合作

为鼓励社会科学家参与北极社会科学研究并实现联合会的目标，联合会还积极促进与其他相关组织的交流与协调，融入到国际北极研究政策和研究规划的圈子。

IASSA 是北极理事会的观察员，积极参与到北极理事会及其一些工作组的工作中，并在这些工作组的报告中贡献了自己的力量，例如《北极气候影响评估报告》（Arctic Climate Impact Assessment,

ACIA)、《北极人类发展报告》（Arctic Human Development Report，AHDR）以及《北极社会指标》（Arctic Social Indicators，ASI）。IASSA 还倡议将社会科学纳入国际极地年的科学规划中。在国际极地年联合委员会和其下属委员会（如数据管理委员会和宣传与外联委员会）中，IASSA 有两个成员代表。在一些国际极地年国家委员会和北极持续观测网络（Sustaining Arctic Observing Networks，SAON）中，也有 IASSA 的成员。IASSA 还是联合国教科文组织（UNESCO）下属的国际社会科学理事会（International Social Science Council，ISSC）的成员。IASSA 也鼓励北极社会科学家作为伙伴参与到多学科研究规划中。

IASSA 在保持同许多国际组织非正式联系的同时，还与一些国际组织建立了正式合作关系，如国际北极科学委员会（IASC）、北极大学（University of the Arctic，UArctic）和极地早期职业科学家协会（APECS）等。这些组织希望与 IASSA 合作，共同召开有关北极科学和社会科学会议，撰写有关北极的科学报告，鼓励科学研究整体发展，向公众传播科学知识，同北极居民建立研究伙伴关系，对早期职业科学家和学生提供支持和教育，向决策者提供政策建议。

IASSA 已经成为一座联系北极科学研究和社会科学研究的"桥梁"，它的成立适应了社会科学与自然科学日以相互交融的现实需求，为促进科学知识的传播、知识与人的密切联系发挥了重要作用。

第四节　国际海洋考察理事会

一、北极渔业问题概述

渔业资源是北极生物资源中最早被人类开发利用的资源之一。

渔业资源的游动性和海洋生态含义，使北极渔业治理具备部分指标意义。在资源的地理分布上，北极渔业所涉及的范围包括东北大西洋水域（涵盖巴伦支海、挪威海东部和南部、冰岛及东格陵兰周边水域）；西北大西洋水域（涵盖加拿大东北水域、纽芬兰和拉布拉多）周边水域；西北太平洋水域（涵盖俄罗斯与加拿大、美国之间的西南陆地界限沿岸水域）；东北太平洋水域，主要指白令海水域等国家管辖范围内水域。在整个北极水域内，只有巴伦支海和格陵兰海水域因处在寒暖流交汇处被视为较好渔场。值得注意的是，随着北极气候持续变暖带来的海洋和海冰条件变化，大量经济性鱼类正出现北迁至北冰洋中心区（CAO）的国家管辖范围外水域，但该水域尚缺乏充足的渔业资源科学研究数据。自 2007 年起，北冰洋沿岸五国（加拿大、美国、俄罗斯、挪威和丹麦）就北冰洋公海渔业捕捞展开政府与专家磋商，并在 2015 年发布联合声明，提出在未获得充足的科学证据之前，禁止本国渔船进入北冰洋公海开展商业性捕捞①，同时已与中国、日本、韩国、冰岛、欧盟等北冰洋公海渔业重要利益攸关方就建立相关渔业管理机制开展"A5＋5"机制性对话。

从北极渔业的治理主体来看，主要分为以下几种类型：首先是主权国家，包括北冰洋沿岸五国、北极圈内非北冰洋沿岸国（芬兰、瑞典和冰岛）、北冰洋公海渔业重要利益攸关方、第三方享受捕捞配额剩余的国家（从事远洋捕捞的国家）。其次是区域性组织，包括西北大西洋渔业组织（Northwest Atlantic Fisheries Organization，NAFO）、东北大西洋渔业委员会（The North East Atlantic Fisheries Commission，NEAFC）、俄罗斯—挪威联合渔业委员会（The Joint

---

① *Meeting on High Seas Fisheries in the Central Arctic Ocean*：*Chairman's statement*，Washington D. C.，U. S.，19－21 April 2015. https：//www. afsc. noaa. gov/Arctic＿ fish＿ stocks＿ fourth＿ meeting/pdfs/Chairman's＿ Statement＿ from＿ Washington＿ Meeting＿ April＿ 2016－2. pdf.

Norwegian-Russian Fisheries Commission)、欧盟渔业科学、技术及经济次委员会（Scientific, Technical and Economic Committee for Fisheries, STECF）以及正在磋商筹备中的北冰洋公海渔业协定机制等。最后是非国家行为体，其中包括可持续渔业伙伴组织（Sustainable Fisheries Partnership, SFP）、海洋管理理事会（Marine Stewardship Council, MSC）、国际海洋考察理事会（International Council for the Exploration of the Sea, ICES）、海产品选择联盟（Seafood Choices Alliance, SCA）、大型渔业企业等。在这当中，国际海洋考察理事会是北极渔业治理的重要智力支撑和治理主体，其参与治理的路径和效果也具有一定的代表性。

二、理事会的组织性质与成员构成

国际海洋考察理事会（ICES）的雏形始于 1902 年。自那时开始，由相关国家的科学家和研究机构通过信件交流的方式进行合作，总部设在丹麦首都哥本哈根。1964 年 9 月 12 日，丹麦、芬兰、德国、荷兰、挪威、瑞典、俄罗斯和英国作为创始国签署了《国际海洋考察理事会公约》（Convention for The International Council for the Exploration of the Sea），提出共同"促进和鼓励有关生物资源和海域的科学研究；与各缔约方一道为相关研究建立必要的组织和管理程序，并签署相关协议；鼓励各成员国公开发布相关的科研成果"。[①] 此外，公约还对其涉及的海域进行了界定，提出"这些科研活动主要集中于大西洋及其邻近海域，特别是北大西洋海域"。至此，国际海洋考察理事会具备了较为充分的法律基础和国际地位。在机构设置上，理事会下设财政委员会负责年度预算的制定、

---

① ICES, *Convention for The International Council for the Exploration of the Sea*, 1964, http://www.ices.dk/explore-us/who-we-are/Documents/ICES_Convention_1964.pdf

开支和经费管理。执行局（Bureau）是负责理事会具体工作的执行机构，下设科学委员会（Science Committee，SCICOM）、咨询委员会（Advisory Committee，ACOM）和数据和信息服务小组（Data and Information Services）三个平行机构，分别承担科研、提供建议和数据收集分析的工作。此外，专家组（Expert Group）由各国科学家组成，其成员也可以同时入选科学委员会和咨询委员会，并负责具体的科研和建议起草的工作。秘书处负责相关会议召开的后勤保障，材料印刷与分发和联系工作。

理事会每年在哥本哈根召开常规会议（ordinary session），在超过1/3成员国的请求下，还可以在相应的时间和地点，由执行局负责组织召开特别会议（extraordinary sessions）。按照议事规则，理事会相应的决议按照简单多数（simple majority）原则进行投票产生，每个成员国拥有一票。如出现赞成和反对票数相等的表决情况，该提案应被视为未通过表决。在涉及修改理事会议事规则和程序的提案表决时，应采取2/3多数原则。根据宣言规定，理事会由主席和每个成员国派出的两名代表组成，各成员国还可以委派相应的专家来协助委员会的工作。每届理事会应选举出1名主席、1名第一副主席和5名副主席，这一数字还可以根据2/3多数原则进行投票增加。根据《国际海洋考察理事会公约》规定，各成员国还需为各自代表团、专家成员和咨询成员缴纳相应的费用。从程序上来看，各缔约国应在公约生效后的第一和第二个财年，根据《公约》第16条就理事会的全部开销做出支付承诺。从第三个财年开始，理事会应与各缔约国协商确定年度开支预算，并得到各方的一致性认可，各缔约国有计划地根据预算进行支付。同样，该预算可以根据理事会所有缔约国的协商进行修改。如果某一缔约国连续两年未缴纳其应当支付的分摊款项，其在国际海洋考察理事会框架内所有的权利将被终止，直到履行相应的财政义务。①

按照其自身的定义，理事会是"增强海洋可持续发展的全球性组织，由近 4000 多名科学家和近 300 所研究机构组成研究网络"。截至目前，该组织共有 30 个成员国，在地理构成上主要集中于北半球，特别是北大西洋、巴伦支海与和北冰洋海域的沿岸国，其中包括比利时、加拿大、丹麦、爱沙尼亚、芬兰、法国、德国、冰岛、爱尔兰、拉脱维亚、立陶宛、荷兰、挪威、波兰、葡萄牙、俄罗斯、西班牙、瑞典、英国和美国。根据统计，来自各国的 1600 余名科学家参与理事会每年的各类相关科研活动。②

三、理事会的主要职能

从功能定位上来看，理事会是一个政府间组织，其主要目标是增强关于海洋环境和生物资源的科学知识储备，并利用这些知识来向相关职能部门提供建议。为实现这一目标，理事会通过优先化、组织化的知识传播活动，填补全球或区域层面涉及生态、政治、社会和经济方面的知识空白。在这一点上，有两方面值得关注：一方面，该组织由不同国家的科学家组成，其主要工作内容和职能范围也都围绕科学研究展开，相应的成果形式以数据报告为主，各方具备较为客观的身份认同，相应的科学研究结论也应该被公众认可。但另一方面，由于其自身定位为"政府间组织"，作为法律基础的《国际海洋考察理事会公约》缔约方也均为主权国家，这在无形中降低了这种科学客观性，并难免引起对于相关科学结论的客观性的质疑。

---

① ICES, *Convention for The International Council for the Exploration of the Sea*, 1964, http://www.ices.dk/explore-us/who-we-are/Documents/ICES_ Convention_ 1964. pdf

② ICES, *Who We Rre*, http://www.ices.dk/explore-us/who-we-are/Pages/Who-we-are. aspx.

在工作内容和程序上，理事会根据成员国、国际和地区组织的请求，为其提供公正且非政治性的科学建议、信息和报告。其中既包括奥斯陆—巴黎公约委员会（OSPAR）综合性环保组织，也包括东北大西洋渔业委员会、北大西洋鲑鱼养护组织（NASCO）等重要的专业性的区域渔业治理组织，还包括欧洲委员会（EC）这类政治性组织。理事会下属的科学委员会是科学考察工作的主管部门，而咨询委员会则特别负责针对渔业和海洋生态系统的现状提供专业性咨询意见，这两个委员会和核心工作以专家组和研讨会的形式展开，并在此基础上由指导小组（Steering Groups，SSG）负责监督。在工作重点区域分布上，理事会重点关注巴伦支海、冰岛和格陵兰岛东部海域的亚北极鱼类以及跨界鱼类种群；将生态系统综合评估作为渔业管理的生态手段；制定亚北极海域的海洋气候和浮游生物报告等。

在科学合作方面，理事会积极开展与各类国际、地区组织或科研机构就共同关心的问题进行交流，并采取联合工作组的形式开展工作，共同举办科学研讨会和理事会年度科学会议。理事会与超过20个全球或地区性组织签署了合作协议，其中包括：联合国政府间海洋学委员会（IOC）、联合国粮食和农业组织（FAO）、国际北极科学委员会（IASC）等。此外，还有部分组织与理事会建立了委托咨询关系，成为理事会的"客户方"，其中包括：欧洲委员会、赫尔辛基委员会、北大西洋鲑鱼养护组织、东北大西洋渔业委员会、奥斯陆—巴黎公约委员会等。[1] 除此之外，理事会还与不同的现存北极治理机构建立了合作关系，相关的合作方包括北极理事会及其下设的北极监测和评估计划工作组、北极动植物保护工作组、北极海洋环境保护工作组、突发事件预防反应工作组、可持续发展

---

① ICES, *Who We Are*, http：//www.ices.dk/explore-us/who-we-are/Pages/Who-we-are.aspx.

工作组、北极污染行动计划工作组，以及第三届北极研究计划国际会议等。

值得注意的是，理事会的相关科学考察活动，例如科学委员会、专家组、研讨会等相关机制的工作对观察员开放。一般来说，由理事会现任主席与秘书处协商审议是否接纳观察员的决定。理事会的咨询工作同样对观察员开放，各国政府、政府间组织、非政府组织或个人均可以向理事会提出申请，作为观察员参与咨询委员会、建议起草小组（Advice Drafting Group）的相关工作。理事会召开的相关科学研讨会，包括数据汇编研讨会均为公开性质，任何具备相关专业知识的个人或组织均可以出席旁听。观察员除了需要向理事会秘书处提供相关的详细申请资料，还需要认同理事会的工作宗旨和目标，并遵守相应的工作规则。

四、理事会参与北极渔业治理的路径

在北极渔业问题的专门性机构中，理事会下辖的北极渔业工作组（Arctic Fisheries Working Group，AFWG）成立于1959年，是历史最为悠久的工作组。每年4月，来自挪威、俄罗斯、加拿大和其他欧盟国家的20至25名渔业科学家参加工作组会议，负责评估理事会科考覆盖区域，特别是巴伦支海和挪威海域中各种鱼类种群的现状，并向西北大西洋渔业组织、东北大西洋渔业委员会和俄罗斯—挪威联合渔业委员会提供相应的科学建议。工作组每年针对相关海域内鳕鱼（Cod）、黑线鳕（Haddock）、绿青鳕（Saithe）、红鱼（Redfish）、格陵兰大比目鱼（Greenland halibut）和毛鳞鱼（Capelin）等现有种群状况进行评估。工作组的评估以分析性报告为主，但也会发布调查性和趋势性研究报告。工作组报告不但包含评估海域整体生态系统状况的章节，还特别调查物种间的互动情况，包括人类对于上述鱼类种群的捕捞，在此基础上向相关区域渔业治理组织提出建议。工作组每年针对东北北极鳕鱼、黑线鳕、格陵兰大比目鱼和巴伦支海毛鳞鱼的种群情况向俄罗斯—挪威联合渔业委员会提出捕捞配额和养护建议，向挪威提供沿海鳕鱼、北极东北绿青鳕和深海红鱼（Sebastes mentella）的相关数据，同时向西北大西洋渔业组织和东北大西洋渔业委员会提供深海红鱼的种群评估。可以看到，北极渔业工作组是理事会组织架构中参与北极渔业治理最为直接的工作平台，虽然在性质上仅为由不同科学家构成的科研工作团体，但其相关评估报告对于具有执行和约束效应的区域性渔业治理机构却具有决定性意义，是北极渔业治理中不可或缺的一环。

　　国际海洋考察理事会及其渔业工作组的建议基于同行评议的专家组报告，由建议起草小组负责报告的撰写，并经过咨询委员会进行审批通过。[①] 从流程来看，理事会首先从"客户方"收到建议请求，这里的客户方既可以是成员国，也可以是全球性的或区域性的国际组织。其次，由理事会专家组负责数据的收集和分析，并起草第一版科学和技术性报告。各个专家组所提交的报告将交由独立第三方专家进行同行评议。在渔业资源评估的过程中，如存在相应的基准点（Benchmark），则报告在专家组内部的工作就此完成，并将报告本身以及同行评议的意见一同转交建议起草小组。最后，建议起草小组针对相关意见进行修改后，将建议草案提交咨询委员会进行最终审查，随后由理事会将建议报告提供给客户方。

　　可以看到，国际海洋考察理事会参与北极渔业治理的路径是：由一国或全球性的或区域性的国际组织提出建议咨询需求，由理事

---

　　① ICES, *Follow Our Advisory Process*, http：//www.ices. dk/community/advisory-process/ Pages/default. aspx.

会成员国的科学家群体组成不同种类的专家组，对于相关海域和相应鱼类种群进行数据采集和分析，并形成专业性的科学建议报告，通过同行评议和专业论证后，形成综合性的理事会建议报告。这些报告不仅在科学研究上具有借鉴意义，也是促使具有一定执行和约束力的区域性治理组织产生治理行为的重要依据。此类建议报告是形成各国或区域渔业组织年度"总可捕量"（TACs），与"非法、无报告及不受规范捕捞"（IUU）相关限制措施的制定，渔业养护的"预防性措施"（Precautionary Approach）等重要政策的主要科学依据。从另一方面讲，国际海洋考察理事会的相关工作和结论成为北极渔业治理的非强制性必要条件（No-mandatory requirement），是一种特殊的治理路径。

从实例来看，西北大西洋渔业组织和东北大西洋渔业委员会在各自组织章程内均规定，对所辖海域的主要鱼种捕捞实施"总可捕量制度"（Total Allowable Catch System）和各捕鱼国的配额制度，基于ICES的科学建议确定种群的捕捞总额、季节，按照总额针对各成员国制定相应配额。只有在配额剩余的情况下才可以进行权利让渡，与第三国签订协议进行捕捞。① 欧盟渔业和海洋事务总署（Directorate-General for Maritime Affairs and Fisheries）规定，总署在国际海洋考察理事会和欧盟渔业科学、技术及经济次委员会的科学建议基础上，提出年度可捕量（TACs）的议案，由欧洲议会和欧洲理事会进行投票审批通过，从而形成约束欧盟各成员国渔业捕捞行为的技术性指标。② 俄罗斯—挪威联合渔业委员会也规定，鱼类种群的捕捞配额总量是俄罗斯与挪威年度谈判中的关键环节，谈判基于国际海洋考察理事会的科学建议。该委员会管辖区域内北极鳕

---

① NAFO, *Activities*, http://www.nafo.int/about/frames/activities.html; NEAFC, Management Measures http://www.neafc.org/managing_fisheries/measures.

② European Commission, *Directorate-General for Maritime Affairs and Fisheries*, *TAC's and quotas*, http://ec.europa.eu/fisheries/cfp/fishing_rules/tacs/index_en.htm.

鱼总可捕量的14%被分配给第三国进行协议捕捞，捕捞配额同样根据理事会的报告制定。[1]

五、参与北极渔业治理的成效评估

从国际海洋考察理事会参与北极渔业治理可以看出，海洋科学家组织是治理过程中重要的客观基础，也是最终形成具有约束效应文件的关键依据。从正面效果看，理事会的结论和相关建议虽不具有法律强制效应，但被各国的执行机关视为不可或缺的程序或条件之一。第一，如果没有理事会进行的科学调查，提出具体的建议，特别是针对鱼类种群的生存现状和发展趋势，以及对于不同种群的捕捞季节、捕捞数量的建议，就无法形成量化的捕捞配额限制措施，也就无法真正将年度可捕量制度作为北极渔业治理的一种有效手段，来限制"非法、无报告及不受规范捕捞"行为并维持海洋生态系统的可持续发展。第二，由于理事会的人员组成较为多元，不但来自于不同的国家，在派出机构上也存在不同，这样利于形成一种非单一化的集体意愿表达，有助于避免被利益集团或国家操控。第三，无论在组织架构或人员构成上，理事会都呈现出一种低政治化的组成结构，成员背景均为从事科学研究的专业性人员，而形成最终建议报告的流程也都建立在较为客观公正的基础上，利用同行评议、第三方审议等方式避免建议报告出现政治化倾向，有助于提升各方对于这些意见、建议的接受程度。第四，理事会所形成的专业性的科学建议从理论上讲更接近客观现实需求，有助于维护当前北极脆弱的生态系统，促进渔业资源的健康和可持续发展。

从不足方面来看，由于理事会在本质上属于从事科学研究的国

① The Joint Norwegian-Russian Fisheries Commission, *Quotas*, http://www.jointfish.com/eng/STATISTICS/QUOTAS

际政府间组织，其宗旨也是对海洋知识、渔业种群情况进行调查和评估，其本身并不具备相应的法律执行力，成员国对于理事会的相关建议也没有法律意义上的执行义务。因此说明理事会作为北极渔业治理的主体，不具备法律上的独立资格。该组织具有一定影响力，但尚无法起到关键性作用。其次，理事会发挥作用的点还处于治理规制形成的前期，即问题的提出和事实的报告阶段。无论是专家组、科学委员会还是咨询委员会，都无法直接参与各国、各区域性渔业组织的北极渔业政策制定和战略规划，因而也无法承担更重要的治理责任。特别值得注意的是，虽然理事会也会定期主动制定自身的发展战略计划去影响决策，例如《国际海洋考察理事会战略计划2014—2018》（ICES Strategic Plan 2014 – 2018）就提出"理事会已经认识到不断变化的海洋生态系统，希望通过推出这一计划向海洋科学界提供动力，以支持海洋的可持续发展与治理，为全人类的利益恢复海洋的健康"①，但究其根本还是属于建议性的报告，并非北极渔业治理的政策性文件。最后，理事会参与渔业治理的路径具有非直接性特征，也就是需要将自身立场通过间接的方式，影响作为独立主体的主权国家或代理主体的各类全球或地区性机制。

第五节　政府间气候变化专门委员会

北极气候变化是北极整体快速变化的一个核心因素，因此全球气候治理必定是北极治理的一个根本性的内容。在气候变化治理中，政府间气候变化专门委员会（Intergovernmental Panel on Climate Change，IPCC）扮演着举足轻重的角色。一方面在许多专业性国际

---

① ICES, *ICES Strategic Plan* 2014 – 2018, http://ipaper.ipapercms.dk/ICESPublications/StrategicPlan/ICESStrategicPlan20142018/

制度的建设中，IPCC 发挥了科学权威的作用；另一方面 IPCC 各个专家小组的科学发展和知识积累对全球利益的建立都具有非常重要的意义。为表彰 IPCC 在应对全球气候变化方面的突出贡献，诺贝尔奖委员会于 2007 年将诺贝尔和平奖授予了 IPCC 和美国前副总统阿尔·戈尔（Al Gore）。

IPCC 的若干份评估报告及其主要结论十分显著地影响着国际政治议程以及国际应对行动。IPCC 第一次评估报告揭示了人类的生产活动增加大气中温室气体的事实，推动了 1992 年《联合国气候变化框架公约》的签署；第二次评估报告提出造成气候变化的人为因素是可辨别的，气候变化的社会经济影响被确定为新主题，为系统阐述《公约》的最终目标提供了坚实依据，推动了 1997 年《京都议定书》的通过；第三次评估报告进一步明确过去 50 年的大部分变暖现象归因于人类活动，促使《公约》谈判确立"适应"和"减缓"两个议题，推动了谈判进程；第四次评估报告推动了"巴厘路线图"的诞生，为国际气候变化应对机制的安排提供科学依据；2013 年第五次评估报告提供了更加全面的观测数据和有效证据来证实全球气候变暖，同时确认人类活动和全球变暖之间的因果关系。报告将到本世纪末控制温度上升 2℃ 以内作为社会经济评估的基础。要完成这一目标，就需要国际社会到 2030 年把全球排放在 2010 年的基础上降低 40%。这次报告促进了 2015 年第 21 届联合国气候大会在巴黎的召开，并达成了应对气候变化的《巴黎协定》。

一、专门委员会的知识贡献

1988 年世界气象组织（WMO）和联合国环境规划署（UNEP）创建了政府间气候变化专门委员会，秘书处位于瑞士的日内瓦。IPCC 的作用是在全面、客观、公开和透明的基础上，解释与评估人为因素引起的气候变化及其潜在影响，提供"适应"和"减缓"方案的科学基础和社会经济信息。IPCC 设有三个工作组：第一工作组的重点是评估气候系统和气候变化的科学问题；第二工作组的工作则是针对气候变化导致社会经济和自然系统的脆弱性、气候变化的正负两方面后果进行研究并提出适应性方案；第三工作组的工作重点是在评估的基础上制定限制温室气体排放和减缓气候变化的路线图。每个工作组设两名联合主席，分别来自发展中国家和发达国家，其下设一个技术支持组。中国科学家秦大河院士担任第一工作组联合主席。另外 IPCC 还设立一个国家温室气体清单专题组，通过其在国家温室气体清单机制方面的工作，为《联合国气候变化框架公约》提供支持。该专题组编制了《国家温室气体排放清单指南》《国家温室气体清单优良作法指南》《土地利用、土地利用变化和林业优良作法指南》等指导性文件和技术工具。这些指南以适当的结构编写，以便使所有国家，不论其经验或资源如何，均能够对国家温室气体人为源排放和汇清除量做出可靠的估计。

知识与规制是 IPCC 影响国际事务的主要两个方面，在国际议程设定方面，IPCC 通过提供相关问题的科学信息和问题的影响范围，加深各国对该问题的认识，使其被列入全球治理议题，并推动各国在此基础上形成共同利益，从而促进国际规制的形成。IPCC 通常扮演着"知识经纪人"的角色来解释气候变化问题中的因果联系。IPCC 的评估报告能引起国际社会和公众舆论的重视，促进国际协商。

迄今为止，IPCC 共发布了五次评估报告，皆对国际气候谈判产生了重要影响。[①] 1990 年，IPCC 发布了第一次评估报告。报告明确了导致气候变化的人为原因，即发达国家近 200 年的工业化发展

---

① 王伟光，郑国光主编：《应对气候变化报告（2009）》，社会科学文献出版社，2009 年版，第 55—58 页。

大量消耗的化石能源所致。报告首次将气候问题提到国际政治高度，使得各国开始就全球变暖问题进行谈判。1990 年 12 月，第 45 届联合国大会通过了第 45/212 号决议，决定成立由联合国成员国参加的气候公约"政府间谈判委员会"（INC），进行有关气候变化的国际公约谈判。IPCC 分别在 1992 年和 1994 年完成了两份补充报告，进一步推动了 1992 年《联合国气候变化框架公约》的签署和 1994 年《公约》的生效。第一次评估报告是科学家以知识催生国际治理机制的一个典范。

1995 年，IPCC 发布了第二次评估报告，进一步证实了第一次评估报告的结论。报告重点探讨了气候变化对社会和经济影响，评估了减缓气候变化措施可能产生的社会经济效应。1995 年，在第二次《联合国气候变化框架公约》缔约方大会上通过了《日内瓦宣言》，宣言肯定了 IPCC 第二次评估报告的结论，并且将其作为草拟议定书的主要参考文件。这标志着《联合国气候变化框架公约》正式进入议定书谈判阶段。在《公约》谈判中，IPCC 编制了一系列科技报告和目标措施建议，进一步为系统阐述《公约》的目标提供了科学依据，推动了 1997 年《京都议定书》的达成。

2001 年，IPCC 发布了第三次评估报告，它对于气候变化的肇因提供了更为翔实的证据。第三次评估报告对气候变化速度的预测超过了第二次评估报告的预测，明确了气候变化的真实性和不可避免性。IPCC 第三次报告认为气候变化将从经济、社会和环境三个方面对可持续发展产生重大影响，同时也将影响贫困和公平等重要议题。并且，这次报告促使《联合国气候变化框架公约》谈判中增加了"气候变化的影响、脆弱性和适应工作所涉及的科学、技术、社会、经济等方面内容"，以及"减缓措施所涉及的科学、技术、社会、经济方面内容"两个新的常设议题。IPCC 的第三次评估报告为《京都议定书》提供了充分的依据，再次推动《公约》的谈判过程。

2007 年，IPCC 第四次评估报告发布，它就全球气候变化及其影响给出了新的研究成果和评估结论。该报告明确指出全球变暖是不争的事实，近半个世纪以来的气候变化"极有可能"是人类活动所致。同时，该报告指出人为因素使许多自然生物系统发生了显著变化，有近九成的地球自然生物系统变化与全球气候变暖有关。在未来几十年，需要采取更为广泛的适应措施以降低气候变化的风险。2007 年 12 月联合国气候变化大会在印尼巴厘岛举行。经过艰难谈判，大会最后形成了"巴厘路线图"，为在 2009 年之前达成新的全球气候协定铺平了道路。IPCC 报告为"巴厘路线图"创造了科学条件，影响了谈判的方方面面，为减排目标这一核心问题提供了科学依据。

2013 年，IPCC 发布了气候变化第五次评估报告。虽然关于气候是否变暖以及变暖的原因依然有很多争议，2009 年哥本哈根会议之前 IPCC 的权威性也受到了质疑，但以 IPCC 系列报告为代表的研究成果依然是主流声音，即全球气候变暖是不争的事实，全球变暖导致极端气候事件趋多趋强，工业化以来温室气体浓度不断增加，人类活动是导致气候变暖的主要原因。第五次评估报告指出，20 世纪中叶以来全球地表平均温度上升 50% 以上是由人类排放温室气体造成的。因此，要完成到本世纪末温度上升控制在 2℃ 内的目标，就需要国际社会到 2030 年把全球排放在 2010 年的基础上降低 40%，而且到 2050 年降低 70%。科学家对未来的科学预测对于气候议题决策者而言至关重要。经过全世界科学家的努力，决策者在哥本哈根会议上达成了到本世纪末全球地表升温不超过 2℃ 这样一个政治协议。

政府间气候变化专门委员会关于气候变化监测和归因的认识是逐步深化的。1990 年 IPCC 第一次评估报告认为，观测到的全球增温归因于自然变率和人类活动的共同影响，还不能将气候的人为影响和自然变率区别开来。1995年第二次评估报告指出，尽管仍存在较大的不确定性，但已有区别于自然变率的人类活动影响气候变暖迹象的证据。而到了2001年的第三次评估报告第一次明确提出，有明显的证据可以检测出人类活动对气候变暖的影响，可能性达66%以上。由于更多更新的研究进展，2007年第四次评估报告把对于人类活动影响全球气候变暖的因果关系的判断，由6年前的66%的信度提高到90%的信度，认为最近50年气候变暖极可能由人类活动引起。2013年第五次评估报告提供了更加全面的观测数据和有效证据来证实全球气候变暖，同时确认人类活动和全球变暖之间的因果关系，以及气候变化已对自然生态系统和人类社会产生的不利影响，在作出未来气候将持续变暖判断的基础上，报告预测了未来气候变暖将给经济社会发展带来越来越显著的影响，并成为人类经济社会发展的风险。报告对国际合作应对气候变化的集体行动给予了更加积极的鼓励，同时提出了一些具体可操作的方案。

极地冰冻圈的数据是全球气候评估报告的重要数据。第四次报告中有一组数据证明，南极冰盖冰量损失速度也从1992到2001年间每年的30基吨（一个基吨为10亿吨）发展到2002年至2010年间平均每年的147基吨。[①] IPCC第一工作组联合主席、中国科学家秦大河院士在一次会议中指出，第五次评估报告里面有一个非常重要的科学论证，即在1917年至2010年期间，全球变化、温室效应产生的热量被海洋吸收了，而且海洋上层变暖在2003和2010年加速。他认为，这些热量有93%进入了海洋，其中60%进入了深海海洋，33%进入了生活海洋。另外，3%的热量加入到冰雪圈中，

---

① https：//www.ipcc.ch/pdf/assessment⌒report/ar4/syr/ar4_ syr_ cn.pdf

3%加入了陆地，还有 1% 加入了大气层。① 秦大河院士同时认为，冰冻圈变化也很大，全球冰量损失的平均速度从 1971 年到 2009 年有 226 个基吨。自 1993 年到 2009 年这一数字为 275 基吨，说明冰冻圈暖化和冰量损失加速。

二、专门委员会的治理路径及科学依据

IPCC 的评估报告不仅是一系列科学观测和证据收集的集成，同时也是一系列揭示气候治理过程技术路线图的报告。如图 5 – 3 所示，报告不仅描述了气候变化中温度变化、海平面上升、降水变化和极端事件发生的规律，同时展现了气候变化与气候过程驱动因子（温室气体、气溶胶的浓度和排放）之间的互动关系，也展现了气候变化对生态系统、水资源、粮食安全、人居环境、人类健康的影响和脆弱性的考察。在社会层面，报告将人类的社会经济发展作为一个重要的影响源和被影响对象。从被影响对象的角度看，科学家要观察气候变化如何通过生态系统、水资源、粮食、环境、健康等因素影响人类社会经济发展的人口、卫生、文化、教育水平和公平性问题。作为影响源，人类社会经济发展中的生产和消费模式、管理、技术、贸易等因素又是如何影响温室气体等气候过程的驱动因子的。报告提出了通过生产和消费方式、管理、技术、贸易方式的改变来减低排放，并借此减缓气候变化的速度和影响的烈度；另外，气候变化带来了生态、环境的变化，人类社会要提高自己的适应力。于是在应对气候变化的过程中，沿着科学家组织提出的"减缓"和"适应"轴线，国际社会做出了重要的政治安排，使得治理朝着更加明确的方向发展。

---

① 杨剑根据秦大河院士在 2014 年中国极地科学学术年会（青岛）上的演讲稿整理。

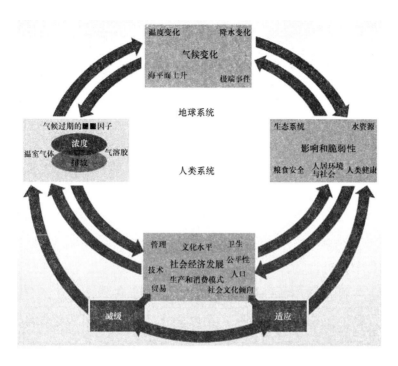

图 5 - 3　气候变化的人为驱动因子、影响和响应的示意框架图

（资料来源：IPCC 第四次评估报告 https：//www. ipcc. ch/pdf/assessment-report/ ar4/syr/ar4_ syr_ cn. pdf)

2001 年的 IPCC 第三次评估报告主要描述了图中顺时针方向的联系，即从社会经济信息和排放推导出气候变化、影响和脆弱性，最后就适应和减缓气候变化提出应对措施。随着对这些联系认识的不断提高，第四次评估报告所获得的信息重点强调了逆时针方向的联系，即评估可能的发展道路和全球排放限制，从而降低社会经济对未来气候变化影响的风险。这意味着气候变化科学评估在科学家、决策者以及社会公众之间架设起了相互沟通的桥梁。由此科学家可以更好地为决策者和社会公众提供气候变化科学、技术和社会经济方面的信息，同时科学家也可以感知来自决策者和社会公众对相关科学知识的需求。

2009 年 1 月 19 日发表的一份调查报告结果显示：世界上绝大多数科学家认同 IPCC 的结论。在参与调查的 3146 名全世界各地的地球科学家中，有九成的科学家认同在过去 200 多年中，地球正在变暖的事实；同时，有超过八成（82%）的被调查者认同人类活动是引发全球变暖的主要肇因。①

IPCC 在创设有效的国际机制以及帮助各国政府寻找政策工具方面发挥了很大的作用。IPCC 这个认知共同体通过知识传播、政策学习和经验借鉴等方法提升了国际社会对全球气候问题的认知。②关于 2013 年 9 月发布的第五次报告第一工作组的内容，第一工作组联合主席托马斯·斯托克表示，自 2010 年以来，第一工作组的编写团队共收到各界评论意见 54677 条。对于各界最关注的气候变暖问题，第一工作组另一位联合主席秦大河表示："尽管气候科学的部分领域还存在一些不确定性，由人类活动引起的气候变化的科学证据正年复一年地加强，而不作为所导致的严重后果的不确定性正日益减少。第五次评估报告除了关注常规的气温和海平面变化之外，还对土地和水等与人类关系密切的重要资源进行评估，并提出具体建议。"③

作为气候变化领域的科学信息源的 IPCC 定期报告具有累积效应，其不断充实并得到不断验证的气候变化信息形成了强大的全球舆论场，为推动国际谈判铺平了道路。IPCC 拥有在环境政治领域至高的合法性。这种精英和专家的知识传播受到全球媒体的大量转载和宣传。在高度专业化的复杂问题领域，IPCC 通过知识上的权

---

① 中国环保在线网 http：//www. hbzhan. com/news/Detail/12290. html

② Mark Evans & Jonathan Davies, "Understanding Policy Transfer: A Multi-Level, Multi-Disciplinary Perspective," *Public Administration*, Vol. 77, No 2, 1999, pp. 361 – 363.

③ http：//www. cma. gov. cn/2011xwzx/2011xqxxw/2011xqxyw/201309/t20130926 _ 227193. html.

威说服国家政府和国际组织接受他们的特定政策建议。

四. 专门委员会的影响力及对中国的启示

因为气候问题的影响深度和广度非一般环境问题所能比拟，这给各国科学家发挥作用提供了广阔天地。以 IPCC 工作组为代表的科学家组织之所以能在全球气候政治中发挥关键性作用，仔细分析还包括以下因素：

第一，气候变化问题是一个全球性公共问题。传统的环境污染皆囿于一个地区或者城市，而全球任何角落产生的碳排放都将决定大气层中温室气体含量以及升温程度。任何团体或者国家都无法单独决定如何控制大气层中温室气体浓度，即便是美国这样的最大碳排放国家也只能影响一部分。因此稳定大气层温室气体浓度亟需世界各国的共同集体行动。全球各国的排放量以及遭受的影响是不尽相同，具有很大的异质性。有一些排放大国本身受到气候变暖的影响较低，因此控制排放的意愿也不强；而一些深受气候变化影响的国家减缓全球温室效应的能力却很低。一小部分国家不仅控制着绝大部分的传统的化石燃料，而且还占有绝大部分的温室气体排放总量。气候变化问题需要全球集体应对，这种全球集体行动客观上需要一股超国家力量来进行有效推动。

第二，应对全球气候变化问题是一个长周期的问题。温室气体导致气候变化，而温室气体是在相当长的时期累计产生的。气候变化问题具有代际转移的属性。由于温室气体将会在地球大气层中保留相当长的时间，因此当前采取的任何减缓气候变化和减排温室气体的措施，其效果只会在未来逐渐呈现。从代际关系看，人类的后代受到气候变化影响最大，但是在全球气候变化谈判桌上却毫无发言权。科学的预测实际上是科学家以科学的方式代表人类的后代与今天人类的利益在进行博弈。

第三，和气候变化相关联的人类活动非常广泛。控制温室气体意味着最终控制能源消费。能源消费是最大的温室气体排放来源，它大约占到80%的大气层中的新增温室气体。温室气体排放因此和绝大多数人类活动密切相关。而相关国家采取的各种减缓气候变化的政策也相互关联，例如中国的人口和计划生育政策对减缓温室气体排放产生积极作用。一些能源企业利用风能和太阳能来替代化石燃料将会减少温室气体。而某些控制当地污染的做法，例如削减二氧化硫的措施，会降低发电厂效率，并且增加二氧化碳的排放量。人类的消费方式同样影响温室气体的控制，社会广泛共识的凝聚仅靠各国政府是无法实现的，科学家以科学数据和人类未来建立起新的伦理，促进了各种行为体的通力合作。

第四，气候变化存在着不确定性，全球治理制度尚不完善。气候变化的影响后果以及减缓的途径等问题都具有相当大的不确定性。气候变化带来的海平面上升等后果也有一定的不确定性。虽然《联合国气候变化框架公约》于1994年生效，它为国际气候变化谈判提供了制度基础。但是它只是路线图，并没有规定实施的制度。《京都议定书》虽然是气候变化制度的重要部分，但仍有许多需要完善补充的地方。这些制度的完善，既需要科学的证据，又需要评估治理效果和辨识履约程度的技术工具。这些无疑需要科学家持续不懈的贡献。

通过上述回顾和分析，我们可以清楚地了解到IPCC推动了气候变化治理的国际化和规制化的过程。这一过程兼顾了理性主义的利益逻辑和建构主义的规范逻辑。IPCC所带来的新的利益认知是驱动气候变化治理的动力，同时IPCC所推动的气候变化规制会促进各方在局部利益和整体利益之间取得平衡。科学考察和论证是理解气候变化环境的认知基础。通过全面系统的观测、论证和知识普及，科学家建立起来的理论才能够被社会理解和接受，由此进入气候变化政治的议程。作为政策决策者的顾问，科学家把科学发现转化为政策建议，把科学信息转化为推动国际法律和国际协议形成的动力。

本书写作的一个目的是探索中国科学家参与全球治理并不断提升影响力的有效路径。开展这一领域研究有助于辨识 IPCC 改变利益和规范认知的内在逻辑，有助于辨识气候变化领域倡议和话语权的竞争格局和发展方向，有助于寻找中国学者在各个领域内的潜在优势和可加以引导的因素，有助于发展出中国参与应对气候变化全球治理的思路。

在 IPCC 案例中，我们已清楚地看到中国科学家的进步。在第五次评估报告的编写中，共有 18 名中国科学家参与，是历次报告中参与人数最多的一次。而在此次报告的引文中，中国作者的文章被引用次数为 415 篇，占总引文数的 3.9%。在上一次的评估报告中，中国作者的引文数为 88 篇，占 1.4%。[①] IPCC 第一工作组联合主席秦大河院士认为，中国政府和科学家在此次报告的起草和审议过程中发挥了重要作用，发展中国家的话语权有所提高。IPCC 报告中的"中国声音"的提升，说明了国家项目支持和中国科学家科研能力的提升。中国作为一个负责任大国，在经济发展的同时为应对全球问题做出了自己的回应，为全球治理提供公共产品。2010 年 7 月，中国政府科技部正式启动"全球变化研究国家重大科学研究计划"，部署了一批项目，开展针对全球变化研究中的优先领域和关键问题基础性、战略性和前瞻性研究，全面提升我国应对全球变化的研究能力和国际竞争力。在这些项目的推动下，我国气候变化研究逐渐深入，随着科研实力的增强，越来越多的中国科学家的研

---

① 杨剑根据秦大河院士在 2014 年中国极地科学学术年会（青岛）上的演讲稿整理。

究成果被发表在国际刊物上。这些项目资金的投入，对于科研成果的产出具有直接的作用，反映出国家投入对于科学家知识积累和知识贡献的作用。

丰富有效的国际合作也是中国科学家的科研成果被世界重视的重要途径。近年来，我国科学家和其他国家同行的科研合作越来越多，各种研究机构的国际合作也非常活跃。广泛深入的国际科技合作减少了重复劳动，提高了我国科技投入的效率，能帮助我国科学家快速走到气候变化相关研究的科技前沿。我国科学家通过积极参与国际学术组织、在国际机构担任职务等方式，显示了中国的科研水平和参与国际治理的能力。我国专家秦大河院士被任命为第一工作组联合主席就是其中典型的例子。

国家气候中心气候变化适应室主任周波涛指出："通过国际合作可以使科学家在科研思路和方法上互相了解、互相借鉴，共同提升科研能力。另外，通过不同国家之间科学家或项目的合作，也能够扩大我国科学家和科研成果的影响力。除了加强国际合作之外，中国科学家在国际期刊上发表论文数量的快速增长，也是这次报告中'中国声音'增强的原因之一。"[1] 周波涛认为。近年来，中国科学家的论文更多地"走向世界"，发表在一些具有国际影响力的刊物上，使得这些科研成果的关注度得到大幅提升。在论文积极"走出国门"的同时，中国刊物的国际影响力也与日俱增。IPCC 报告引自中国科学院大气物理研究所主办的《Advances in Atmospheric Sciences》的中国作者的论文次数达 25 篇次，该刊物成为国内被引用最多的期刊之一。

总之，随着中国日益成为国际体系的参与者、维护者和建设者，中国将逐渐地、全方位地参与到国际应对气候变化的机制中。

---

① http://ncc.cma.gov.cn/Website/index.php? NewsID=9276

中国科学家通过自身能力的提升以及国际合作水平的提升将更全面地参与到 IPCC 的工作之中，通过 IPCC 的网络平台，影响国际事务的议程设置和议题排序，提升中国科学界在气候变化治理中的知识和规制双重影响。

第六节　国际科学理事会

一、国际科学理事会简介

国际科学理事会（International Council for Science，ICSU）于 1931 年在比利时布鲁塞尔成立，当时的名称为国际研究理事会（International Research Council）。1998 年 4 月经过成员方讨论决定将理事会的名称改为现名，并将总部及秘书处迁往法国巴黎。[①]理事会的宗旨是鼓励及推动国际科技与学术活动，促进国际科学理事会会员及各个国家会员间的合作，促进和协调国际科技计划的实施，承担国际性科学议题之谘商职能，促进大众对科学的理解等。

作为非政府国际组织，它是科学界与政府间国际组织之间的桥梁和纽带，同联合国及其许多专门机构有着紧密的联系。理事会汇集了自然科学各个领域的优秀专家，代表了当今世界科学发展的最高水准。该组织主要关注对整个科学界和人类社会有较大影响的课题，并经常围绕这些课题发起一些跨学科的有重大科学意义的国际研究计划或项目。

国际科学理事会扮演着科学与政策的桥梁角色，以保证科学在

---

① https：//www.icsu.org/about-us/a-brief-history

全球政策发展过程中的全方位和全过程介入，确保相关政策能够将科学的知识和科学的需求一并考虑在内。在科学为政策服务方面 ICSU 将精力集中于以下几个方面：（1）提供科学建议，并通过协调来促进科学家在政策制定过程和国际会议中的参与度；（2）为创建和改善决策过程提供建议，使之能够更好地接收并使用既有科学知识；（3）创建新的综合性的科学研究项目，以提升科学家与决策者和其他的利益攸关方的国际合作，发现和积累人类所需要的科学知识。

国际科学理事会正式会员分为两种：国际科学联合成员及国家会员。国际科学联合成员（Scientific Union）必须为国际性的非政府专业组织，只有那些在某一科学领域内已存在 6 年以上的科学组织才有资格申请加入。国际天文联合会、国际数学联合会等都属此类成员。国家会员（National Member）必须为国家下属的科学院、研究院、研究理事会、科学机构、学术团体、科学学会等国家级学术组织。国家会员应该是该国家或地区中某一科学领域最具代表性的学术团体，而且也要求已存在 4 年以上者才有入会资格。中国科学技术协会 1982 年加入国际科学理事会。

联系会员（Affiliated Member）是指那些有资格，但尚未成为正式会员的学术机构。联系会员有义务支持国际科学理事会宗旨，坚持科学普遍性的原则，同时承担财务方面的责任。联系会员之中又分为三种：国家联系会员、国际科学理事会联系成员及区域性联系会员。国家联系会员必须为有潜力及资格的科学院、研究院、研究理事会、科学机构、学术团体、科学学会或协会等国家级学术组织。通常国家联系会员在 6 年之后可申请成为正式会员。国际科学联系成员是指研究领域不属于国际科学理事会的范围，但又是相关研究领域（例如人类学、医学、社会学等）的科学组织，这类组织须存在 6 年以上才有资格申请入会成为联系成员。区域性联系会员是指来自各个地区的科学家成立的科学组织（科学院、研究理事会等），其研究领域不属于国际科学理事会的范围，但又是相关研究领域。联系会员没有投票权。除了联系会员外，理事会还设有观察员（Observer）。假如会员无法承担财务方面的责任，则只能成为观察员。到 2017 年，国际科学理事会有 122 个国家会员（覆盖 142 个国家），31 个国际科学联合成员，23 个国际科学联系成员。[①]

国际科学理事会下设执行局、委员会和秘书处。执行局（Executive Board）由 6 位官员和 8 位一般成员组成（从国家会员和国际科学联合成员中选出各 4 位），一般成员可连任两届，但每一届全体大会须有半数的一般成员（来自国家会员和国际科学联合成员各 2 位）更换。除了主席和上届主席外，任何人不得在执行局连任 9 年。经中国科学技术协会、英国皇家学会联合提名，经 ICSU 全体成员单位两轮激烈投票，中国科学院副院长李静海在 2014 年 9 月第 31 届全体大会上成功当选 ICSU 副主席，主管科学计划与评估，任期为 2014 年至 2017 年。[②]

执行局对全体大会负责，监督国际科学理事会的运作；向全体大会推荐讨论的领域和项目；提议建立内部机构（委员会和行政机构）；执行和交流国际科学理事会的政策和观点。委员会（Committees）是理事会之下主要的专业运作机构。国际科学理事会项下的常设委员会负责主要的国际协调工作。共分为三大类：政策委员会（Policy Committees）、咨询委员会（Advisory Committees）、特别委员会（"Ad hoc" committees）等。秘书处（Secretariat）则负责一般的联系事项。

---

① https://www.icsu.org/about-us

② http://www.cas.cn/xw/zyxw/yw/201409/t20140903_4196799.shtml

二、国际科学理事会与国际极地年

1950 年，国际科学理事会批准了于 1957—1958 年举办第三届国际极地年的决议。后来又根据极地与地球系统整体的关系将活动更名为国际地球物理年（International Geophysical Year，IGY）。1958 年南极研究专门委员会（Special Committee on Antarctic Research，SCAR）作为 ICSU 的科学委员会正式成立。这个名称后来被改为南极研究科学委员会（Scientific Committee on Antarctic Research）。

2003 年，受国际科学理事会和世界气象组织的共同委托，一个极地国际合作规划工作组成立，开始制定科学实施计划并对极地年进行宣传。国际合作规划工作组于 2004 年组织了论坛活动，广泛听取全球各地各专业机构不同的利益攸关方发表的意见。这些活动取得了预设的效果，增进了交流，丰富了框架内容，并且提升了参加极地年的各国科学家的全球责任感。在英国南极研究组织克里斯·拉普雷（Chris Rapley）教授的领导下，《2007—2008 国际极地年框架》于 2004 年 9 月编写完成。

2005 年 10 月，一个由澳大利亚伊安·阿里森（Ian Allison）博士以及加拿大的米歇尔·贝兰德（Michel Beland）博士担任主席的全新的国际联合委员会接管了规划工作组。该委员会负责监督国际极地年项目的实施并且协调各类活动。两个次级委员会——数据与信息政策委员会和教育、扩展与沟通委员会负责向联合委员会提出建议并且对研究项目进行指导。在联合委员会建立的同时，一个公开咨询论坛随之产生，继续开展与主要利益攸关方的直接对话。

《2007—2008 国际极地年框架》在得到国际科学理事会执行局批准后，于 2005 年 11 月发布。该文件不仅突出了 2007—2008 国际极地年地球环境治理、应对气候变化和极地科学合作的主题，而且揭示了这一大规模科学倡议在数据与信息管理方面的需求，并指出了开展科普教育以及政策与科学沟通的必要性。国际科学理事会以及世界气象组织共同举办了2007—2008年的国际极地年。在全球范围内，超过30个国家参与了2007—2008国际极地年的活动，并建立了33个国家委员会以及联系点。这些委员会在各国科学家和各领域科学家之间建立起强有力的纽带，形成了一支推动以科学为基础的治理力量。

2008年之后，国际科学理事会继续推动国际极地年的后续工作。国际科学理事会在其网站上推介国际极地年2012蒙特利尔大会，推介文稿写道："2012国际极地年大会（IPY 2012 Conference）在地球环境处于一个关键的时刻举行，它必将引导国际注意力集中到极地地区、全球变化，以及相关的环境、社会以及经济议题上。在'从知识到行动'的旗帜下，2000多位极地科学家、政策制定者以及来自学术界、企业、非政府组织、教育机构、北极社区（包括原住民）的代表聚集在一起，共商极地治理大计。2012国际极地年大会将有助于将极地科学最新的研究结果转化为以事实为依据的行动计划，并影响未来几年的全球决议、政策以及成果。"①

三、未来地球计划

（一）"未来地球计划"的背景和协同方式

在2012年6月召开的"里约＋20"峰会期间，由国际科学理事会（ICSU）和国际社会科学理事会（ISSC）共同发起，由联合国教科文组织（UNESCO）、联合国环境署（UNEP）、联合国大学

---

① http：//www.icsu.org/events/interdisciplinary-body-events/ipy－2012－from-knowledge-to-action-conference

(UNU)、贝尔蒙特论坛（Belmont Forum）和国际全球变化研究资助机构（IGFA）等组织共同牵头，组建了为期十年（2014—2023）的大型科学计划"未来地球"（Future Earth）。这些机构通过国际协调成立了一个"未来地球计划"联盟。[①]

"未来地球计划"核心管理部门包括：管理理事会、科学委员会和参与委员会，这些委员会的活动由执行秘书处支持。管理委员会是计划的整体战略决策机构。科学委员会为计划提供科学指导，并负责处理突发事件，同时向管理委员会提供关于设立项目、举办活动、增加课题等方面的建议。参与委员会作为战略咨询小组，主要任务是确保计划成为一个知识平台，聚焦国际活动与战略，建立国际评估流程，广泛吸纳参与方的意见和建议。中国科学界一直致力于全球变化的研究之中，并为应对气候和环境变化做出了自己的贡献。为了呼应国际科学理事会的号召，2014 年 3 月，"未来地球计划"中国委员会（CNC-FE）在北京成立。委员会由来自自然科学、工程学和社会科学等广泛领域的 40 多名专家组成。中国科学技术协会副主席秦大河院士担任了中国委员会的主席。[②]

"未来地球计划"设立的起源是全球科学家们有一个共同的判断和担忧：人类正面临着前所未有的全球风险。地球系统的社会和环境之间正在发生更为迅速且复杂的相互作用。可以观察到的表现为：重大气候变化、生物多样性减少、污染负荷增加和其他关键因素的显著变化。"有证据表明，地球以及地球上的生物已经进入了一个新的地质时代——人类世（anthropocene），即人类对地球系统影响的规模构成全球尺度变化主要驱动力。人类对地球的影响可能大到不可逆转的程度，地球系统可能发生的突变会对经济发展和人

---

① 未来地球过渡小组编，曲建升等译：《未来地球计划初步设计》，北京：科学出版社，2015 年版，第 137 页。

② http://cnc-fe.cast.org.cn/

类福利产生严重影响"。① 人类并没有找到方法来解决在这个新的"人类世"中如何维护繁荣和发展的问题，科学研究也只是部分地了解这些风险。因此，人类需要一种社会和自然科学有机集成的新型研究，以支持全球粮食、能源和水的安全，解决减灾、扶贫以及健康问题，实现资源的公平配置和全球可持续发展的目标。"未来地球计划"以可持续发展为目标，力求通过新的研究者、新的科学组织方式、新的协同设计来应对这一挑战，以培育出新的研究项目，有效配置科研资金，为全球提供基于知识的解决方案。

国际科学理事会协同国际社会科学理事会承担起未来地球计划的远景设计。这一设计包括五个重要环节。（1）预测：提高对环境状况发展及其社会后果的预报信息的可用性；（2）观测：对管理全球和区域环境变化所需的观测系统进行开发、提升和整合；（3）规划：针对破坏性的全球气候变化风险，确定有效的预测、防范和治理方法；（4）应对：为保证全球发展的可持续性，确定有效的体制、经济模式和行为方式；（5）创新：鼓励技术、政策和社会响应的创新，完善实现可持续发展的评估机制。

协同设计和协同实施的方法在科学和政策交集的领域展示了其价值和实用性。在这个过程中，研究者、决策者和其他利益攸关者共同参与到确立问题、分析论证和解读结果的过程之中。无论是研究者、国家政府、非政府组织还是私营部门，各方都能从这个合作的研究中获得益处。

"未来地球计划"最具创新性和挑战性的一个方面是协同设计和实现科研成果以知识的形式向利益相关者传递的想法。整个过程包括了协同设计、协同实施和协同推广三个阶段。"未来地球计划"邀请自然科学、社会科学、工程学等广泛领域的研究团体发展知

---

① 未来地球过渡小组编，曲建升等译：《未来地球计划初步设计》，北京：科学出版社，2015年版，第134页。

识，并与应用这些知识的政府、企业和民间团体协同设计，提高研究的实用性、透明度和优化程度，并缩小环境研究与当前政策及实践之间的差距。[①] 计划将开展关于地球系统研究的国际科学合作，建立并发展国际合作项目，协同国际研究力量，有效地汇聚人力和物力资源。在社会、经济、自然、健康、人文及工程科学等所有领域中，重视多样化的人才培养和使用。根据全球环境变化所带来的新问题，战略性地协同各方力量，为全球可持续性研究提供强有力的平台。为应对全球环境变化给各地区、国家和社会带来的挑战，计划为全球可持续发展提供必要的理论知识、研究手段和方法。

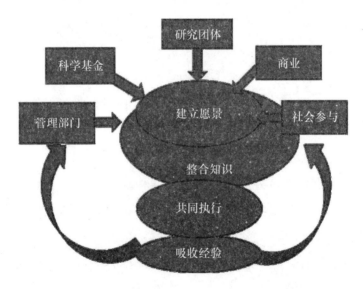

图 5 - 4   "未来地球计划"中研究与社会互动结构图

通过图 5 - 4 我们可以看到国际科学理事会在这一全球项目中的运行模式：未来地球计划通过协同设计带动全球科学研究团体，有效整合各国以及其他方面的科学基金资源，吸纳企业界、民间团

---

① 未来地球过渡小组编，曲建升等译：《未来地球计划初步设计》，北京：科学出版社，2015 年版，第 6—10 页。

体和广泛的社会参与。在政府和政府间国际组织的推动下，以科学发现为基础，从建立共同的治理愿景开始，进一步整合知识，进而达成可供共同执行的社会行动计划，并及时跟踪和总结知识收集和治理行动中的经验和信息反馈，调整治理计划和技术工具，进一步完善知识链条，使整个治理过程处在一个不断产生社会福利并减少环境风险的路径中。

"未来地球计划"汲取了过去"只有科学计划，没有实施经费"的教训，整合目前全球环境变化（GEC）项下的数个项目，实现经费的有效使用。同时，再与贝尔蒙特论坛（Belmont Forum）合作筹措基金，并与国际科学理事会各成员方合作，在全世界推动和实施该计划。

（二）"未来地球计划"的重点研究方向

"未来地球计划"是全球环境变化和可持续发展研究的国际合作平台，将为国际社会提供应对全球变化主要挑战以及向可持续发展转变的跨学科集成研究；通过协同设计研究，加强科学家、科研资助机构以及用户之间的联系；提倡"以解决问题为导向"的研究，为可持续发展提供理论知识和行动依据。该计划的制定，旨在打破目前的学科壁垒，重组现有的国际科研项目与资助体制，填补全球变化研究和实践的鸿沟、使自然科学与社会科学研究成果更积极地服务于可持续发展。这些研究方向为在"未来地球计划"之下的统一的地球系统研究提供了广阔的平台。"未来地球计划"涉及范围广，每一个都要求跨领域、跨学科的合作。对"未来地球计划"的全面了解可以帮助我们理解极地研究的全球意义，了解科学家与社会互动的全球责任。

"未来地球计划"设置了三大研究方向：一是动力地球（Dynamic Planet）；二是全球发展（Global Development）；三是朝

着可持续发展的方向转变（Transition to Sustainability）。同时，建议增强以下 8 个关键交叉领域的能力建设：地球观测系统；数据共享系统；地球系统模式；发展地球科学理论；综合与评估；能力建设与教育；信息交流；科学与政策的沟通平台。

1. 动力地球

人们可以使用什么方法、理论和模型来解释地球和社会—生态系统的作用，来理解这些机制之间的互动，并且来识别在这些系统中反馈和演化的作用？气候、土壤、冰层、生物地质化学、生物多样性、大气质量、淡水、海洋等主要环境组成部分的现状和趋势如何？人口、消费、土地和海洋利用以及技术等人类变革驱动力的现状和趋势又是如何？上述两个方面与可持续发展的关联性如何？在时间、空间和社会环境各个维度上的变化是怎样发生的？对于海岸、热带雨林、干旱带以及极地地区这样的临界带或生物群落来说，应该怎样理解其现状并预测其未来？需要用什么样的观察系统和数据设备来对地球系统人为驱动力的影响进行存档和建模？这些问题都是动力地球这个研究方向试图回答的问题。

在动力地球这一研究方向下所进行的研究，可以帮助我们积累为理解地球系统变化的趋势所必需的知识，其中包括全球层面和地区层面上自然和社会的组成部分、变化和极端值。动力地球研究方向力图对地球上的国家和社会进行观察、监测、解释和建模。其中一个特别的目标是，为地球系统的状态与趋势评估提供科学依据，为生物多样性丧失、社会脆弱性、风险关键带、变化反转点等方面提供预报和预测。

2. 全球发展

在全球发展主题下的研究将加强对以下问题的理解：哪些基础科学和创新对可持续发展的环境基础来说最为重要？合理利用资源和土地的可持续范式是什么？如何保证目前和未来的人类对粮食、

水、清洁空气、能源、基因资源的可持续利用？为了实现世界发展和全球可持续性的双重目标，联合国可持续发展目标应该怎样定义？生物多样性、生态系统和人类福祉与可持续发展之间的关系是什么？工商界如何通过供应链环节的管理来为发展、繁荣和环境治理做出贡献？环境变化会对社会中的不同群体，如原住民、女性、儿童、老人、低收入群体产生怎样的影响？

在全球发展主题下的研究，其目的是为理解全球环境变化和人类福祉与发展之间的联系提供必要的知识。计划主张在科学与社会之间建立起一种新的"社会契约"，这种契约将全球环境变化知识的重点集中于人类发展最紧迫的问题上——在不破坏环境、减少生物多样性或破坏地球系统的情况下为全人类提供安全并充裕的粮食、水、能源、健康、住宅和其他生态系统服务。去除人类中心主义及其破坏性利用资源的方式。因此，新的研究计划将全球环境变化（例如气候、大气质量、生物多样性、海洋和土壤）与支撑社会经济发展的研究相联系。

3. 朝着可持续发展的方向转变

下个世纪全球气温可能会升高超过 $4°C$，地球和社会系统怎样适应这种环境变化？全球环境变化对退化物种的恢复和地貌保存有什么影响？怎样通过跨界合作来治理全球环境变化和推动可持续发展？如何评估不同行为体在不同范围内用不同政策来治理全球环境变化的得失和利弊？技术能够为可持续发展提供哪些可行的解决方案？价值、信念和世界观是怎样影响个人和集体行为使其走向更可持续的生活方式以及贸易、生产和消费模式？如何调整社会中个人、组织和系统层面上的关系使之更加适应新的地球环境？通往可持续发展的城市未来地貌以及绿色经济的长期路径是什么？这些都是向可持续发展转变这一研究方向要回答的重点问题。

向可持续发展方向转变，需要自然科学家、社会科学家和决策层的合作。可持续发展是一种根本性的革新，需要很长时间才可能完成。"未来地球计划"将开发相应的知识。这些知识包括在政治、经济和文化价值上的转变，在制度结构和个人行为上的改变，以及减少全球环境变化和影响的比率、规模和量级，大规模的系统调节和技术创新。回应全球环境变化不仅是各国政府的事情，也是地方政府和国际组织、公民社会、营利部门和个人共同的责任。

第六章

科学家在北极治理中的作用：基于问卷调查的分析

当前全球治理与现代科学联系紧密，治理主体也朝着多元化方向演进。科学家在全球性和区域性的国际组织中发挥日益重要的作用。[①] 科学家群体是推动全球治理朝着更加科学、更加民主、更加符合全球利益发展的一类行为体。当前，北极区域政治和治理结构处于快速变化之中，国家和非国家行为体围绕北极的政治活动增加，科学家群体在北极治理的议程设定、责任以及义务分担等方面正发挥着日益重要的作用。

本书的研究对象是全球治理中的科学家。在本章中，作者在前述文献分析的基础上采用的是问卷分析的方法。问卷的第一部分主要针对全球涉北极研究的科学家群体。实际获得的有效问卷共70份，受访对象主要来自参与极地事务的北极理事会下设的工作组、世界自然基金会、北极海洋科学委员会、国际北极科学委员会、国际北极社会科学协会等国际组织以及各国的极地科研机构。访谈的主要指标是：（1）不同人士和部门参与极地治理的偏好和知识的同构性与异质性；（2）不同受访者对极地治理的认同

---

① ［英］戴维·赫尔德等，杨雪冬等译：《全球大变革：全球化时代的政治、经济与文化》，北京：社会科学文献出版社，2001年版，第70页。

225

和知识；（3）不同受访者在参与极地治理之前和之后的对全球治理认识程度的比较。

如前所述，科学家团体可以通过以下两个方面影响和塑造全球治理：一是通过认知共同体产生共有知识（影响因素包括学习、国际训练、集体信念培养等），以及形成新的利益观念（如物质利益分配或者对利益的认知形成）；二是推动治理制度层面的变化（如议事日程的变化、决策机构的建立、组织规则的确立等）。当前，随着全球气候变化的日益突出，极地科学问题已引起各国的高度关注，成为当今世界最引人注目的重大科学问题之一。科学是人类提高极地认知的基础。科学家通过极地科研，揭示客观存在的环境因素和自然规律，发现问题及其发展趋势，并建立起相关的理论，通过社会动员将这些问题引入公众视野并被社会理解和接受，由此进入极地治理的议程。

中国参与北极治理需要依靠中国科学家的知识贡献和制度贡献。问卷的第二部分则聚焦中国科学家与北极事务之间的关系。这一部分试图通过问卷分析的方法，探讨中国科学家在为人类和平利用极地做出贡献的同时，如何通过国际极地科学家组织来影响国际事务的设置和议题排序，提升中国在北极治理的知识和规制两个方面的影响。中国科学家如何把科学发现转化为公共产品和政策工具，在极地治理过程中起到显著作用。本书作者选择中国涉极地研究的科学家作为研究对象，开展深度访谈和问卷调查，结合理论和实证研究对极地科学家与北极治理的关系进行剖析。中国受访对象主要包括参与极地事务管理和科技项目实施的国家海洋局、国家气象局、科技部、农业部、环境保护部、中国科学院和有关大学等部门的科学家和官员，实际获得有效问卷83份。

第一节 科学家与北极治理的知识积累

知识对于制度的变迁有着决定性的意义。知识积累的有限性会阻碍制度创新的深度和广度，而知识存量的增加有助于提高人们发现制度不均衡进而改变这种状况的能力。① 我们说北极治理最主要的矛盾之一就是人类北极活动增加与北极治理机制相对滞后的矛盾。治理机制的落后与不足，其中一个深层次的原因就是知识的缺乏。人类对北极多学科的研究和考察还相对不足，治理所需要的知识还相当缺乏。几乎所有与北极治理相关的报告都强调知识的特殊作用。②

围绕涉北极的重要科学问题和治理问题，科学家主要通过联合国下属国际组织、政府间科学家组织、非政府组织和北极区域国际组织的工作组开展活动。以北极理事会的各个工作组的功能为例可以了解科学家在其中的作用：（1）北极监测与评估计划（AMAP）——就北极环境现状和面临的威胁等问题提供可靠的、足够的信息，为支持北极国家的政府应对污染物及气候变化可能带来的负面影响拟采取的行动提供科学建议；（2）北极动植物保护（CAFF）——解决北极生物多样性问题；（3）突发事件预防反应（EPPR）——解决环境突发事件的预防、准备和反应问题；（4）北极海洋环境保护（PAME）——解决政策和非突发性的污染预防问题；（5）可持续发展工作小组（SDWG）——解决经济、文化和北极居民健康的保护和提高问题；（6）北极污染行动计划（ACAP）——预防和根除

---

① 黄新华：《新政治经济学》，上海人民出版社，2008 年版，第 188 页。
② Report of The Arctic Governance Project, *Arctic Governance in an Era of Transformative Change*: *Critical Questions*, *Governance Principles*, *Ways Forward*, 14 April 2010, p. 16.

北极环境污染。北极科学家通过北极理事会项下工作组的国际专家合作，针对北极环境的现状和潜在威胁为北极治理提供可靠的信息和科学建议，以帮助北极各国政府和社会提升适应力。①

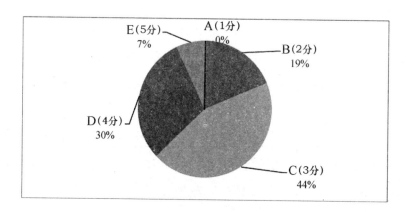

图6-1　极地治理和科学研究的关联度

根据对参与北极科学研究的各国科学家，其中包括相当一部分参与北极理事会相关工作组的科学家的问卷调查②，大多数受访科学家认为，科学家团体对北极治理较为重要，其中7%的受访者认为科学研究与北极治理深度相关；30%的受访者认为科学研究与北极治理有较高的关联度；44%的受访者认为二者轻度相关；另外有约19%的受访者认为科学研究与极地治理的关联度不高；认为二者完全不相关者的比例为0（如图6-1所示）。这说明参与极地科研的科学家对他们的工作的社会意义有高度的认同感，或者说希望他们的科学工作能够为人类幸福带来益处。

北极事务最显著的一个特点是脆弱的环境和获得丰富资源的机

---

① Charles Ebinger, John P. Banks, Alisa Schackmann. "Offshore Oil and Gas Governance in the Arctic A Leadership Role for the U. S." *Brookings Policy Brief*, Vol. 14, No. 01, March 2014, p. 57.

② 本问卷的题目是"请您给极地治理和科学家团体的关联度进行打分"，在0—5分中选择，5分为最高。

会同时存在。长期以来，北极地区由于人迹罕至，许多科学之谜有待解开。北极科学研究既包括对自然环境的研究，如北极的气候、海冰和生态环境等，也包括与人类的经济利益相联系的研究，如北极的航道、油气资源和海洋生物资源开发等。如图 6-2 所示，绝大多数受访科学家积极支持科学家团体在极地治理中提供知识信息并发挥积极作用，其中近 1/2 的受访者对此强烈支持，只有少数人对此不清楚或者不同意。

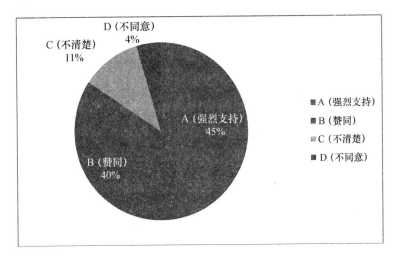

图 6-2　科学家是否应该在极地治理中发挥积极作用

从知识建构角度来看，要成功建构一个北极治理问题，至少需要两个必要条件：一是相关北极治理主张必须有科学权威的支持和证实；二是建构北极环境变化的治理体系，必须要有相应的"科学普及者"。他们能将相关的科学发现转化为普通民众能够理解的北极治理主张。他们将北极治理的信息和资料通过特定的媒介来争取政治倡导者及其他意见领袖的认同。如在北极治理知识推广方面，国际北极科学委员会（IASC）和国际极地年活动组织者在这一领域发挥着重要作用。2012 年蒙特利尔国际极地年活动有将近 200 个项目，吸引有来自60多个国家的1000名科学家参与。大批政治人物、企业界人士和媒体也被吸引参与其中，实现了"从知识到行动"的社会效果，为北极治理制度的建立和完善扫清了认识上的障碍。

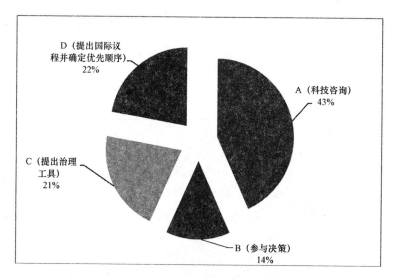

图6-3　科学家团体在极地事务中的哪个环节发挥作用

针对科学家在极地事务中的哪个环节发挥作用的问卷中，43%的受访者认为是科技咨询，22%的受访者认为是提出国际议程并确定优先顺序，21%的受访者认为是提供治理工具，14%的受访者认为是参与决策（图6-3）。从本题的回答中可以看出，提供知识是科学家团体影响北极治理的重要途径。选择科技咨询作为主要环节的受访者，基本认可其"科技知识备询者"和"诚实经纪人"的身份，[1] 但并不十分主动介入决策过程；倾向"提出国际议程并确立优先顺序"和"参与决策"选项的受访者态度则更为积极主动，

---

① 罗杰·皮尔克（Roger Pielke）教授根据不同的社会态度将科学家分为四类：纯科学家、科学知识备询者、议题主张者和诚实的经纪人，请参阅本书第二章。

按照罗杰·皮尔克的分类应当属于"议题主张者"，他们重视科学对社会治理的积极介入；而倾向"提供治理工具者"的受访者，态度也较为积极，他们的关注点不是放在治理制度形成前或形成中的备询角色，而是放在治理决策形成后的治理过程中，发挥治理技术工具提供者的角色。

在关于中国科学家在极地事务中的哪个环节发挥作用的问卷中（图6-4），50%的受访者认为是科技咨询，30%的受访者认为是参与决策，12%的受访者认为是提供治理工具。从本题的回答中可以看出，提供知识是中国科学家影响北极治理的重要途径。

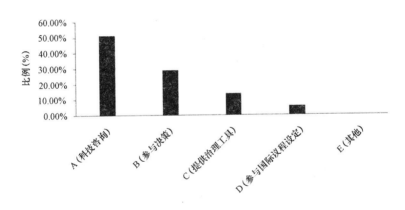

图6-4 中国科学家团体在极地事务中的哪个环节发挥作用

在北极治理的议程设定方面，科学家团体通过加强相关领域科学研究以及加强国际合作和信息分享，提升各国对治理问题的认识，使相关新议题和议程被列入北极治理谈判的进程，从而推动各国在此基础上形成共同利益，进而对北极治理机制的形成做出贡献。在北极治理制度形成过程中，科学家团体通过具体问题的细节和难点的研究，找到治理的关键环节和关键问题，提出解决方案，从而帮助相关成员国提高共识和谈判效率。根据中国科学家对北极问题关注点的问卷调查，我们可以发现，科学家群体关注的北极科研问题分布很广，大多与北极重要治理议题相关，包括气候变化、冰雪融化、环境监测、科学研究、技术应用、经济发展、法律制度、能源开发、矿产开发、航道利用、海上救援、原住民等（如图6-5）。其中气候变化类的科学研究比重最大，占各类知识关注和知识贡献的25%左右。

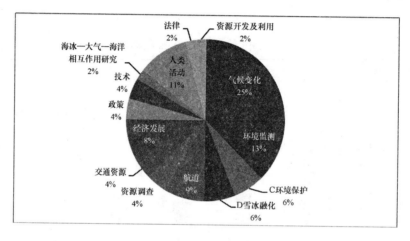

图6-5　中国科学家关注的北极问题

如前几章所述，北极治理制度对相关知识的需求是多方面的。第一类知识需求是对北极自然环境各类变化的系统化信息；第二类知识需求是关于北极生态和环境保护的知识。最近几年北极各种治理文件的出台在很大程度上得益于关于北极自然生态环境和社会经济系统知识的加速积累；第三类知识需求主要来自开发技术的发展。作为经济全球化的一部分，北极地区的资源、航道都会更紧密地与全球市场连为一体。要确保开发的速度和规模控制在北极生态系统可以支持的范围之内，就需要技术创新和生产方式的创新；第四类知识需求是源自北极治理制度建设所需要的信仰系统。治理制度的演进和与之相关的政治和经济安排，都需要社会广泛的接受和支持。

通过问卷调查，我们发现（如图6-6所示），受访者对第一类知识更为重视，对科学研究、气候变化等问题有更高的重视度；其次是第四类知识，如法律制度和国际关系问题；再其次则是第三类知识，涉及经济发展和技术应用，如能源开发、技术应用、基础设施、经济开发、海洋营救等；然后是涉及第二类知识的环境控制和原住民关切等方面。总体反映了受访者关于北极治理对知识需求的看法。

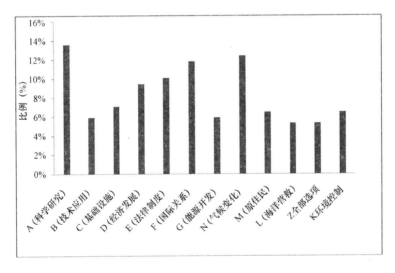

图6-6 北极治理对不同类型知识的需求程度

将环境治理与经济发展结合在一起涉及科学与民主之间的复杂关系，增加了治理的不确定性。在这种情况下，科学家与治理实践者之间的合作，以及各领域科学家的跨学科合作是系统应对全球性挑战的重要路径。由国际科学理事会（ICSU）和国际社会科学理事会（ISSC）发起，联合国教科文组织（UNESCO）、联合国环境署（UNEP）、联合国大学（UNU）和国际全球变化研究资助机构（IGFA）等组织共同牵头，设立了为期十年（2014—2023）的大型科学——"未来地球计划"（Future Earth）重点研究了未来几十年地球环境面临的主要变化和挑战，其中就包括了北极变化及其科学对策。

第二节　科学家与北极治理的制度建设

北极理事会成立于 1996 年，是北极治理最重要的平台。科学家在北极理事会相关制度建设中发挥了三重作用：一是推动北极理事会内部制度建设；二是协调与其他治理机制之间的关系；三是促进信息沟通和国际协作。

第一，对科学家而言，要成功地进入北极治理政策议程并最终发挥作用，应当有制度化的保障，这样才能确保相关科学治理的合法性和持续性。科学家不仅仅是科学技术和治理知识的提供者，也是议程设定、条约起草以及监控实施等治理制度的重要参与者和推动者。如果没有国际社会的普遍觉悟以及各国承担治理义务的责任感，国际治理机制是难以为继的。科学家团体通过提供问题的科学信息，宣传北极环境变化的社会后果和经济影响来促进各国对北极问题的认识并愿为此采取集体行动。围绕科学家推动国际合作达成北极治理的必要性这一问题，受访者的回答如图 6 - 7 所示。在这个问题上，倾向"非常必要"和"必要"两项答案的分别是 46%和 43%，二者相加共有 89%；回答"有些需要""不需要"和"不知道的"加在一起只有 11% 左右。这说明，极地科学家对北极科研的社会意义，特别是对极地国际合作推动北极治理的作用有认同感。在南北极开展科学考察的科学家会比在其他地区开展科研活动的科学家更深切地体会到国际合作的重要性。

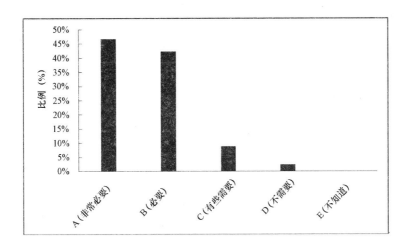

图6−7 科学家推动极地治理国际合作的必要性

第二，北极相关治理涉及很多领域和制度，既包括全球层面的制度，也包括区域层面的制度。在联合国框架有《联合国海洋法公约》（UNCLOS）、《联合国气候变化框架协议》（UNFCCC）等，以及联合国下属机构国际海事组织制定的《国际海上人命安全公约》（SOLAS）、《国际防止船舶污染公约》（MARPOL）等。全球性制度具有全球适应性，参与的科学家的人数也更多。许多人并不直接涉及北极，但其对北极治理的贡献同样重要。因为北极冰封区域的特殊性，许多国际制度都给北极治理留出特别的制度空间，呼吁全球科学家为制度订立贡献知识和信息。《联合国海洋法公约》的第234条是一条专设的海洋"冰封区域"的条款。该条款明确规制船舶在冰封区域航行以及海洋环境污染的制度，即"沿海国有权制定和执行非歧视性的法律和规章，以防止、减少和控制船只在专属经济区范围内冰封区域对海洋的污染，这种区域内的特别严寒气候和一年中大部分时候冰封的情形对航行造成障碍或特别危险，而且海洋环境污染可能对生态平衡造成重大的损害或无可挽救的扰乱。这种法律和规章应适当顾及航行和以现有最可靠的科学证据为基础对海洋环境的保护和保全。"该条款不仅预留了区域治理的特殊性安排空间,同时将科学家的作用提升到必要条件的高度。在国际海事组织(IMO)的组织下,各方面专家通力合作,制订《极地水域船舶航行安全规则》,为规范北极航运行为、保障北极航行安全、保护航行海域环境和生态平衡的提供了最有约束力的法律文件和技术标准。更多的全球治理机制请参阅表6-1。这些国际法治理工具的形成和运用,都离不开科学家的贡献。

表6-1　涉及北极事务的各类国际法治理工具

相关北极治理的部分公约名称	涉及治理的领域
联合国海洋法公约	主权与海洋利用
全球禁止捕鲸公约	环境保护
生物多样性公约	环境保护
保护世界文化和自然遗产公约	自然遗产保护
联合国大会关于原住民权利的宣言	人权
国际海事组织相关公约	航运
跨国界环境影响评价公约	环境保护
联合国气候变化框架公约	环境保护
长距离跨国界大气污染公约	环境保护
保护臭氧层维也纳公约	环境保护
国际民用航空公约	空运
不扩散核武器条约	安全
全面禁止核试验条约	安全

在北极生态环境保护等领域,科学家需要在相关工作组内协同合作。气候变化的影响和北极在全球气候体系中的作用预示着北极科学家团体在北极治理中的位置日益凸显,如北极气候评估项目

（ACIA）的报告认为北极地区气温上升的速度是一般地区的二倍，北极理事会的可持续发展工作组（SDWG）提出北极"脆弱性和适应气候变化（VACCA）"问题，这两个议题都在北极理事会气候适应议程中得到体现。在北极治理的过程中，在任务分解和时间安排方面，工作组基于科学知识和信息发挥着治理的轴心作用，如北极动植物保护工作组（CAFF）基于北极生态多样性评估基础，提出动植物保护方面的行动计划和制度安排，在其《2013—2021 期间生态多样性保护行动计划》① 中，工作组提出了许多工作计划和治理方案，如环北极生物多样性监测计划、基于生态系统的管理计划和方案、生物多样性保护区域方案、提升公众保护意识方案等。该行动计划不仅明确了目标，而且将这些任务分解到十年中的每一个轮值主席任期之内和相关机构和部门之间，体现了"从知识到行动"的精神。资源开发与生态环境保护的平衡是极地科学家的重要任务，对相关类型的资源开发，相关科学家进行环境影响评估（EIAs），并对将来可能开展的商业利用进行制度规范和技术规范。近年来，在相关不同领域科学家协同工作的基础上，北极海洋环境工作组发布并不断完善"北极近海油气开发指南"（Arctic Offshore Oil And Gas Guidelines，AOOGG）。②

因为全球治理的问题是跨国界的问题，而治理的主要资源和手段却存在于不同国家和不同的行为体手中，因此国际协调是全球治理的重要工作方式。国际协调的要义是考虑相关各方的意见、资源和利益关切，以包容的方式追求共识，避免参与政策制定的各方出现直接冲突，最终实现目标优化的治理政策。在一个多元多层级的

---

① CAFF, *Action for Arctic Biodiversity：Implementing the recommendations of the Arctic Biodiversity Assessment*, 2013 – 2021（DRAFT 12 – 01 – 2015）

② Arctic Council, *Arctic Offshore Oil And Gas Guidelines* 2009, available at：http：//www. arctic-council. org/index. php/en/document-archive/category/233 – 3 – energy? download = 861：arctic-offshore-oil-gas-guidelines［accessed at：January 12, 2014］.

治理结构中，以知识和信息为基础的协调对制度的形成和完善意义重大。在北极治理过程中，科学家团体发挥了促进信息沟通和协调的作用。根据问卷调查①，受访者对科学家是否有效地促进了北极治理的信息沟通表明了各自看法，如图6-8所示。根据统计我们可以看出，受访者中有91%的比例认为是科学家非常有效和有效地促进了北极治理的信息沟通，其中认为非常有效的占41%，有效的占50%，而认为不太有效的占3%，回答不知道的占1%，没有受访者选择"无效"这一选项。受访的科学家很多都是参与国际极地年、国际北极科学委员会等国际极地科学项目的人员。这些项目的针对性很强，与极地治理的关联度很大。

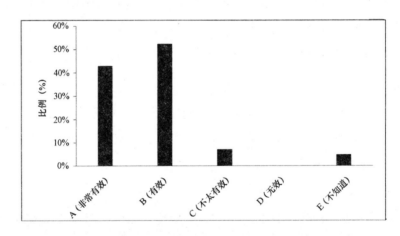

图6-8 科学家团体是否有效提高了极地治理的信息沟通

综上所述，气候变化引发了北极海冰融化、冻土融解以及动植物的生态危机，也启发了人们开发北极资源的愿望。北极的治理需要在开发资源和保护生态之间取得平衡。由于北极地区生存条件严酷，极地知识的积累又相当有限，北极的科学研究是解决北极问题

———————
① 图6-8所代表的问卷问题是"您是否赞同科学家团体有效提高了极地治理的信息沟通"，选项 A. 非常有效；B 有效；C. 不太有效；D. 无效；E. 不知道。

甚至全球环境问题的必要基础。科学家参与北极治理将会有助于提高治理方案的科学性，有助于维护全球利益。他们以科学知识为基础促进了治理制度的演进，也促进了政府间的国际合作。

第三节　中国科学家参与北极治理

中国科学家参与北极治理的任务主要有三个：第一，认识北极。从自然科学和治理需求等方面深入了解北极，积累知识；第二，保护北极。北极的自然环境十分脆弱，与世界其他地区的环境变化紧密相连，科学家需要提供技术工具和治理方案来保护好北极；第三，可持续利用。北极的可持续发展符合世界各国的利益，中国要与国际社会携手努力，确保北极开发以可持续的方式进行。中国极地科学家凭借着不断提高的科研能力和国际协调能力，逐步成为北极治理的推动者。北极科学研究是人类提高极地认知的基础，科学家能够将科学发现和科学信息转化为制度方案和政策工具，提高北极治理的成效。

长期以来，中国积极参与国际北极科学委员会和国际北极研究计划大会的工作。国际北极科学委员会（IASC）是一个国际科学组织，其下有战略行动组和科学工作组，科学工作组由陆地（Terrestrial）工作组、冰冻圈（Cryosphere）工作组、海洋（Marine）工作组、大气（Atmosphere）工作组以及社会和人类科学（Social & Human Science）工作组等构成。中国极地研究中心主任杨惠根博士担任国际北极科学委员会的副主席一职，还有多位科学家在工作组中担任共同负责人。此外中国科学家还积极参加北极研究组织者论坛（FARO）、北极太平洋扇区工作组（PAG）、国际冰冻圈科学协会（IACS）、国际冻土协会（IPA）、南极研究科学委

员会（SCAR）、世界气候研究项目（WCRP）、欧洲极地理事会
（EPB）和新奥尔松科学管理者委员会（NySMAC）等组织的各项
活动。

2011 年，国务院决定成立跨部委的北极事务协调组，从国家层
面来进行跨部门的协调，以新的决策机制适应北极形势的变化和需
要。用中国气候变化谈判特别代表高风的话来说，就是从国家层面
上，应该对北极的工作有整体规划。北极事务涉及国内多个部门工
作，宜统筹处理，各部门共同商讨制定开展北极工作的总体规划。[①]
中国成为北极理事会正式观察员后，中国科学家参与理事会工作组
的机会大大增加。北极理事会下的北极监测与评估计划工作组、动
植物保护工作组、污染物行动计划工作组等各相关机构已经向中国
科学家发出了邀请。中国科学家参与北极治理的时机已经成熟。北
极理事会的各种工作组需要科学家和决策者之间更多的合作，将现
代知识和传统知识更好地整合进决策支持系统，以提升北极治理机
制处理地球系统中突发的非线性变化。

中国科学家影响北极治理有两大途径：一是直接参加国际组织
或国际项目的工作，通过提供知识和技术方案来对北极治理做出贡
献；二是通过影响中国政府的决策和北极战略来间接影响北极治
理。中国科学家通过参与具体领域的科学考察和国际合作不断融入
北极治理过程之中。如图 6 - 9 所示，根据问卷调查，受访者认为
中国科学家可以通过参与气候环境调查、地质环境勘探、海洋资源
利用、航道利用、纯科学研究、国际科技合作来支撑国家参与北极
治理。

① 姚冬琴："专访外交部气候变化谈判特别代表高风：开发北极成本高，一定要谨慎"，
《中国经济周刊》，2013 年 5 月 28 日，http://news.ifeng.com/shendu/zgjjzk/detail_ 2013_ 05/
28/25769583_ 0. shtml.

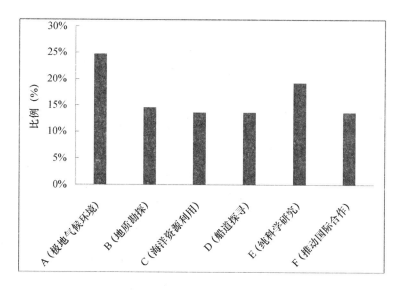

图 6 – 9　科学家为中国参与北极治理主要提供何种支撑

　　根据图 6 – 10 显示，在中国科学家和管理部门受访者的问卷统计中，认为增进中国科学家群体参与北极治理的保障主要包括了以下几个方面：（1）要积极培养能参与国际事务的复合型科技人才（约占 21%），强调人的素质及其培养；（2）提升极地科技研究的水平（约占 27%），强调研究水平是增加话语权最重要的前提；（3）国家要增加极地领域的各项投入（约占 21%），国家的投入、能力建设和后勤保障是培养人才和提高科研水平的重要保证；（4）加强协调和机构建设（约占 21%），强调的是政策协调、资源的有效配置以及统筹国内外两个大局的重要性。应当说这四个方面都值得重视，可以为中国参与北极治理提供支撑。

　　中国科学家服务中国北极政策主要表现在以下四个方面：第一，提供北极事务的科学信息和环境变化信息。极地治理的科学性较强，充分且及时地掌握北极事务的各种信息是形成中国北极政策和战略的先决条件。科学家提供的科学研究和评估报告，以及相关

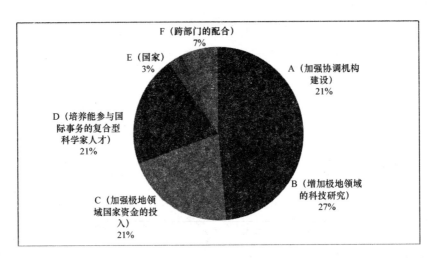

图 6-10   中国科学家参与极地治理的主要保障

的北极治理文章为政府决策提供了智力支撑。第二，提升中国在北极治理机制中的话语权。中国在北极的科学活动是中国在北极存在的有效方式。中国科学家的知识贡献和技术能力使北极国家更加重视中国的意见。第三，促进中国与北极国家间的合作。中国科学家通过中国—北欧北极合作论坛、中国极地科学年会等平台已建立起若干学术网络。中国科学家积极参加国际极地年以及国际北极科学委员会项下的国际合作项目。科学家相互之间的个人联系网络与全球的极地科学家连成一体，成为全球极地合作的联系纽带。极地科学家之间的合作促进了中国与北极国家的双边关系。第四，促进了国内各部门之间的政策协调。相关政府部门，由于任务编制的设定，职权范围的设定以及结构和资金来源的各不相同，容易造成相同领域的研究资源重复投放或者关键领域没有资源投放的状况。科学家群体透过他们的合作研究可以发现未被重视的重要问题，通过科学家之间的协调合作，促成政府部门之间的合作，使相关资源的投放和使用效益最大化。同时还有助于将极地科学研究、技术进步、环境治理、人文关怀、经济可持续发展与治理制度的建立有机地结合起来，促进地方政府、社会团体和私营部门合作，推动中国的极地事业快速发展。

第七章

中国科学家参与北极治理的渠道和方式

中国科学家参与北极治理的出发点，就是要服务于国家发展大局，服务于中国外交大局，要为人类和平利用和保护极地做出贡献。从这个角度讲，参与北极治理就是从极地领域来提升中国的影响力，体现中国外交中的"人类命运共同体"思想，增进中国与其他涉极地国家相互之间的关系，实现共同发展和共同进步。由于北极事务涉及全球气候与环境，科学考察和环境保护必然成为北极治理的主题。一个国家的科研能力和国际合作能力决定它在北极治理中的话语权和参与度。中国参与北极治理让科技先行，让科研和科学家扮演重要的角色是一条有效的路径。

本章重点讨论中国科学家参与北极治理议程设定的路径，参与国际组织活动的科学家素质培养，以及国家、科研机构和专家个人三者之间互动共同提升国际合作水平等问题。侧重点在问题研究而不是理论探讨。本章的最终形成得益于本书作者与中外科学家和北极事务政府管理部门的官员讨论，他们在实践中的体验和经验总结给了本书作者极大的启发。①

第一节 以"科技先行"参与北极治理

中国科学家参与北极治理并发挥影响力的问题，应当放在中国全面参与全球治理的大背景下来讨论。随着全球性挑战增多，加强全球治理、推进全球治理体制变革已是大势所趋。这不仅事关应对各种全球性挑战，而且事关给国际秩序和国际体系定规则、定方向；不仅事关对发展制高点的争夺，而且事关各国在国际秩序和国际体系长远制度性安排中的地位和作用。2016年9月27日，习近平总书记在中共中央政治局第三十五次集体学习时，将中国参与极地的国际治理提高到国家战略的高度，还特别提到要加大对网络、极地、深海、外空等新兴领域规则制定的参与。习近平的讲话既谈到全球治理的重要意义，也特别强调了积极参与全球经济治理和公共产品供给，提高我国在全球经济治理中的制度性话语权，构建广泛的利益共同体。强调中国要在积极参与国际合作的同时，有效维护国家权益，实现国家战略。他同时指出，"参与全球治理需要一大批熟悉党和国家方针政策、了解我国国情、具有全球视野、熟练运用外语、通晓国际规则、精通国际谈判的专业人才。要加强全球治理人才队伍建设，突破人才瓶颈，做好人才储备，为我国参与全球治理提供有力人才支撑。"②

---

① 接受本书作者访问的科学家包括杨惠根、孙立广、陈立奇、卞林根、孙波、李院生、张侠、何剑锋、张海生、吕文正、马德毅、Oran Young、Kim Holmen 等；接受访谈的政府部门官员包括贾桂德、马新民、高风、苟海波、石午虹、王晨、秦为稼、曲探宙、翁立新、吴军、徐世杰、陈丹红、龙威、姜梅等。根据与大部分被访谈者的约定，他们的观点在本书中不直接引用并注明，特此说明。

② 中国政府网 http://www.gov.cn/xinwen/2016-09/28/content_5113091.htm

中国领导人李克强在 2011 年 6 月的一份批示中肯定了极地科考工作的重要地位，要求极地科考积极参加国际合作，为人类和平继续做出贡献。他指出："我国极地考察事业正处于可以大有作为的战略机遇期。希望全体极地考察工作者紧紧围绕现代化建设，继续发扬南极精神，进一步加强能力建设，深入开展极地战略和科学研究，积极参与国际交流合作，有效维护国家权益，为我国极地事业发展、为人类和平利用极地做出新的贡献。"[①]

党和国家领导人关于参与全球治理、加强人才队伍建设、为人类和平利用极地的指示是明确的。习近平总书记 2014 年在视察中国极地科考船"雪龙号"时指出，中国要认识极地、利用极地、保护极地，积极参与极地的国际治理，为人类和平利用极地做出新贡献。[②] 这些讲话再次确认了中国参与极地治理的"科技先行"之路。

中国参与北极事务的科学路径是由北极事务的特殊性决定的。作为极地事务最活跃的因素和主要载体，极地科学研究扮演着重要的角色。气候变化、环境变化、生态变化给人类的生存环境和生存质量带来了许多未知的结果，北极环境的变化是地球气候和生态变化的晴雨表。北极围绕气候变化、海冰融化、冰冻层变化、海洋酸化、动植物生态变化的数据和规律是北极国际治理的基础，是应对全球性气候和生态环境危机的重要科学依据，因此极地科学观测和研究成为全球最重要的研究课题之一。极地科技的发展和深入，可以帮助人类更好地认识极地。极地科学研究对于北极治理的知识积累、手段提升和制度完善起着不可或缺的作用。科学、环境与和平已经成为北极治理的核心要素，这也决定了科学技术活动在北极事

---

① 新华社北京 2011 年 6 月 21 日电，http://news.xinhuanet.com/politics/2011-06/21/c_121566059.htm。

② 杜尚泽、鲍捷："习近平慰问中澳南极科考队员并考察中国雪龙号科考船"，《人民日报》2014 年 11 月 19 日第 1 版。

务中最根本的意义。未来北极资源的开发同样离不开科学技术进步，新技术的采用是解决资源利用和环境保护这对矛盾的有效手段。由于北极环境恶劣、天寒地冻、人迹罕至，科学观察和知识的积累还相当有限，仍需要各国科学家贡献智慧和精力。因此2012年国际极地年大会提出了"从知识到行动"的号召。中国作为全球性大国，在科技方面的贡献可以奠定我国作为极地事务重要国家的地位。

极地科技是我国参与北极事务，与相关极地国家开展国际合作的重要内容。在南极科考取得经验的基础上，中国科考队于1999年开展首次北冰洋科学考察，进行综合性海洋调查，截至2017年底共进行了8次北冰洋科学考察。2004年，根据《斯匹次卑尔根群岛条约》所赋予的权利，中国在挪威方面的帮助下在斯瓦尔巴群岛地区建立了固定的科学考察站——黄河站，并常年连续开展北极高层大气物理、海洋与气象学观测调查。2012年，中国第5次北极考察还进行了通过东北航道的试航。中国北极考察活动获得了一定的冰区海洋活动能力、知识和经验。作为国际北极科学委员会的重要成员方，中国极地科学家通过开展广泛的北极科技合作，积累极地知识，为北极治理提供智力和技术支撑，为中国积极参与北极事务起到了先导作用。

科学家是我国参与北极国际治理的第一梯队。中国是国际北极科学委员会的重要成员，也是北极理事会的观察员。而北极理事会下属的工作组，如可持续发展工作组、监测与评估计划工作组、海洋环境保护工作组、动植物保护工作组、污染物行动计划工作组中的科学家更是制定北极治理方案的直接参与者。全球极地科学家网络借助北极理事会等国际治理机制，在规制建设方面扮演重要角色。科学家群体在推动北极治理体系建设，增进多元主体和多重领域的协调，扩大极地国际科研合作，促进极地信息沟通和交流等方面都发挥了非常积极的作用，为极地问题的解决提供了重要的指导性意见。随着中国国力的增长和科学技术水平的提高，我国的科学家在这些治理组织中发挥着越来越重要的作用，甚至担任相关科学委员会的领导职务。在重要的极地治理议程谈判中，科学家已经成为中国政府代表团的重要成员。科研队伍的长期存在、科考站的空间布局，科考设备的良好运作，科考活动制度的软存在都使得我国在极地治理方面拥有了更大的发言权和贡献能力。此外，我国是《联合国海洋法公约》的缔约国，是《斯匹次卑尔根群岛条约》签署国，科技活动也体现着我国依据相关国际法应该享有的权利。

"科技先行"的方式呼应了包括北极国家在内的国际社会的普遍要求。北极国家在面对环境生态变化的巨大挑战时，欢迎中国等重要的域外国家的科学贡献和技术参与，共同提升人类应对气候变化和环境变化的能力。冰岛、挪威、俄罗斯都是我国北极外交的重要对象国。另外，极地和海洋合作已经成为中国与德国等欧洲国家双边合作的重要内容，极地和海洋问题对话也已经成为中美战略对话的重要组成部分。冰岛前总统奥拉维尔·格里姆松（Olafur R. Grimsson）在谈到中国参与北极治理时肯定了"科技先行"的作用。他说："对于未来北极地区利益和世界整体利益来说，我们可以用一种有效的方式聚集在一起，那就是让我们的科学家作为先导。在我们彼此的合作中，科学家之间的合作成为一个非常重要的组成部分。无论是过去、现在还是未来，各国科学家的引领作用是各国北极合作的前提，域外国家参与北极合作的动因可能来自经济利益或政治驱动，但最重要的是实实在在、富有建设性的科学贡献。"① 格里姆松认为，北极国家对非北极国家参与北极事务的接受度，也与非北极国家对北极科学发展的贡献度直接相关。他非常形

---

① 引自冰岛前总统奥拉维尔·格里姆松在第二届中国北欧北极合作研讨会上的开幕致辞（冰岛阿克雷里 2014 年 6 月）。

象地指出："在未来几年，北极理事会的桌子'有多宽'，将取决于观察员国北极知识的获取和积累，以及将对北极科学合作做出多大贡献。"①

　　针对非北极国家参与北极治理的路径，国际北极科学委员会前副主席、全球治理问题专家奥兰·杨（Oran Young）在访谈中特别指出，北极理事会不是域外国家参与北极事务的唯一路径，其他路径还包括成员众多的政府间组织（如国际海事组织）、非政府组织（如国际北极科学委员会）以及针对特定领域的公私伙伴系统和非正式论坛等。这些路径之间并不是相互排斥的。正确的做法是通过不同的路径处理不同的问题，用合作和有效的方式解决复杂问题，达成协同的效果。北极的多层级治理结构也给了中国等非北极国家通过专家参与全球性的、领域性的国际组织活动并施加影响的机会。在这个关联网络中，无论是北极国家还是非北极国家都可以有充分的机会找到自己的角色。②

第二节　将科学考察能力转化为
北极治理话语权

　　在过去 20 年左右的时间里，中国的北极事业取得了长足的进步。中国通过科技发展参与极地事务的能力已迈上一个新的台阶。中国现在基本上参与了所有南北极的国际组织，在国际组织中的活跃度也越来越大。然而，参与度的提高不等于话语权的加强。促进中国在极地事务中的影响力和引导力，需要提高极地科考能力，并

---

① 引自冰岛前总统奥拉维尔·格里姆松在第二届中国北欧北极合作研讨会上的开幕致辞（冰岛阿克雷里 2014 年 6 月）。

② 奥兰·杨："序"，参见杨剑等著：《北极治理新论》，时事出版社，2014 年版，第 5—6 页。

将这种能力转化为极地治理的话语权。中国科学家对极地的影响力包括相辅相成的两个方面：一是极地科学研究水平，二是参与国际极地事务的能力。如果我国的极地科学技术水平领先，则参与极地事务的能力就会大大提升；同样，如果我们积极参与极地国际事务的能力很强，参与的领域多、力度强，那么我国的科学技术能力也能在一个更加良好的国际环境中发展。

议程设定在国际组织发展和引导国际治理方面发挥着主导性作用，能否参与议程设定是一个国家全球治理能力的重要衡量指标。习近平总书记在强调提高我国参与全球治理能力时特别提出，"要着力增强规则制定能力、议程设置能力、舆论宣传能力、统筹协调能力"。① 提出日程、设置议题特别是设置持续性的议程会影响整个国际组织的发展方向。一旦某个提议在国际极地会议上获得通过，并赢得了很高的赞誉，就会形成有影响力的舆论，并为今后制定规则和标准奠定了·个基调。

中国正在从积极参与国际机制向争取国际机制中的话语权和领导力转型。在国际组织和国际会议上发表观点，仅说明有发言权，而不等于掌握话语权。话语权与参与治理的领导力相联系，也就是倡议能力以及规则设置能力最终能对其他行为体构成制约，引导国际间的集体行动。话语权体现在国际治理的多个过程中，其中包括议题的设置，规则和标准的制定，以及对治理状况和其他行为体执行情况的评估。

通过设置议题可以衡量一个国家在参与国际极地事务的能力和话语权。从 2009 年到 2013 年期间涉南极的相关治理活动看，各国提交给南极条约协商国（ATCM）的文件有 248 份，提交给南极环境保护委员会（Committee for Environmental Protection，CEP）的有

---

① 中国政府网 http：//www. gov. cn/xinwen/2016 – 09/28/content_ 5113091. htm

178 份。其中提交文件较多的是美国、英国和其他极地大国。① 事实上，围绕南北极治理的全局性提案大多是西方极地国家代表提出的，亚洲国家如中国、日本、韩国等则比较侧重于提出局部性的、回应式的提案。这也说明亚洲国家议题设定能力相对较弱。一系列能引领治理秩序发展的议案需要有扎实的基础研究，而研究成果需要通过持续系统的科考来支撑。

从主要极地国家的经验来看，科考能力和科技规划能力是提升极地事务话语权的重要前提。与非北极国家相比，北极国家在科学研究方面拥有先天的地缘优势，且开展北极研究较早，最重要的还是其研究基础扎实，研究硬件条件好，国家投入大。美国、加拿大和挪威强调对全球北极科研的领导地位，瑞典和丹麦希望在部分领域起到引领作用，俄罗斯更侧重于应用技术的发展，而芬兰则将进一步强化其造船等创新技术优势。强化科技发展已成为北极国家维护自身权益、强化管理和支撑北极地区可持续发展的关键手段。

中国作为发展中的大国，应该在构建完备的极地研究体系的同时，加强能力建设，把科学考察和知识贡献作为参与北极治理的重要工具，重点发展优势项目和全球重大项目。既不能将自己的目标定得过于局限，阻碍长远的发展，也不能将任务面铺得过大，造成资源投放分散，难以形成自己的特色。应推动极地海域环境的综合考察，加强北极航道利用调查与研究，完善北极观测系统，积极参与相关极地可持续发展、环境保护和航运等领域的国际合作。建立极地环境实时观测和在线监测系统，提高科学研究的精准度，提升科考观测设备的功能，加强观测规范和数据标准化建设，积极参与各国在极地的科学监测网计划和后勤支撑网络，促进中国的极地科研与世界接轨和信息分享。

---

① 龙威："南北极治理中的发言权与话语权"，引自中国 2014 年中国极地科学年会（青岛）会议论文。

技术能力的发展是我国科学家参与极地国际机制并发挥作用的重要的实力支撑。脆弱环境下资源利用的技术创新和知识储备，是中国以科技领先者和知识产权拥有者的身份参与北极治理和北极开发的重要基础。技术领先可以减少北极国家以环境壁垒和技术壁垒拒绝我参与北极事务的理由，为中国提升在极地国际事务的话语权提供技术支撑。技术进步和新技术应用在极地科考能力中扮演着重要角色，中国应在加强巩固各领域的特色研究的同时，拓展极地高新技术装备的研究和应用，鼓励相关研究机构对极地高新技术装备进行研究，注重极地机器人、极地无人机、极地探测卫星、极地遥感和极地潜水器高新装备的发明和运用。实施极地考察破冰船建造工程，提高极地考察海陆空立体的运输能力。鼓励国内各科研机构和相关企业投入到极地新技术的运用中去，在海、陆、冰、天、太各个空间运用并测试新技术。应将极寒条件下和环境脆弱条件下技术运用作为重点攻关方向，争取走到世界的前列。

科技能力决定了可持续发展能力，是国家创新能力的体现。极地科研机构要进一步加强国内的合作研究，围绕极地科技前沿开展攻关，通过大型研究计划整合分散极地研究项目。鼓励科学工作者参与国际协作，以促进我国极地研究水平的提高。积极推进与国外极地科研机构开展多领域合作与交流，寻找共同感兴趣的领域和问题，促进与大国和重点国家以及重点区域的合作和研究。鼓励我国科学家在极地科考活动中，积极参与国际合作与交流，充分利用外国考察站进行科学考察活动，同时，积极支持其他国家的科学家参加在我国站区开展的科考活动，促进资源共享，推动极地科考的后勤保障和紧急状态的国际协助。

参与北极治理并提出自己的主张，一定要有足够宽的视野和把握趋势的能力，在符合发展趋势的活动中创建自己的话语权。在极地问题上，"和平、科学、环境"三大主题是具有道德高度的主题。

《南极条约》曾经确立了"和平、科学"两大主题，为南极活动设定了基本原则，而北极理事会的起点就是《北极环境保护战略》（AEPS）。因此，我们要确立中国在北极治理中的话语权，就应当顺应国际极地治理的总趋势。习近平主席 2017 年 1 月在联合国日内瓦总部发表题为《共同构建人类命运共同体》的主旨演讲，其中特别强调，地球是人类唯一赖以生存的家园，珍爱和呵护地球是人类的唯一选择。这番讲话就是站在全人类的最高利益的高度上谈全球治理。习近平主席还特别提到："要秉持和平、主权、普惠、共治原则，把深海、极地、外空、互联网等领域打造成各方合作的新疆域，而不是相互博弈的竞技场。"[1] 这些原则都有利于我们把握趋势，提出符合发展趋势的主张和议题。

就极地考察来讲，不论是早先的探险时代，还是现代大规模多学科的科考时代都离不开国际合作。中国参与北极事务：一是要突出互惠互利，在共同利益的基础上实现双赢和多赢；二是要在平等互相尊重的基础上开展合作。中国尊重北极国家的主权、主权权利和管辖权，北极国家也应当尊重域外国家根据相关国际法所享有的一切权利；三是要协调立场，在国际事务之中增强协调、沟通和信息交流，增强国家之间、国际组织之间的联系。

为了争取在极地领域更大的话语权，更好地保护我国在极地的合法权益和利益，我国应当综合协调海洋、极地、外交、科研和后勤保障等各方面事务。加大国际交流方面的投入，积极参与北极理事会等治理机制的各项活动，充分了解国际研究的发展动态。提升自身的话语权和影响力，还需要发起并组织更多的国际合作项目，承办更多的国际学术会议，为北极的国际治理提供更多的"中国方案"，做出中国人的贡献。

---

[1] 习近平："共同构建人类命运共同体"，《人民日报》2017 年 1 月 20 日第 2 版。

第三节　参与北极治理与科学家的素质

无论是在知识引领方面还是在治理的议程设定方面，中国参与极地国际事务的关键是"人"，特别是具有高素质的专业人员。无论是创设新的国际平台，还是充分利用既有机制，发挥影响力的关键还是我们的人才。要参加国际治理并发挥重要影响力，首先要加大人才队伍培养，要培养一批具有专业水平的、善于对外合作交流的高素质人才。这样一支队伍要充分了解国际社会，了解极地事务的大局，同时又具有专业领域知识，了解双边和多边关系，能够真正起到牵线搭桥、组织和引领的作用。中国要争取更多的专家到国际组织当中去任职，至少能够稳定长期地参与有关国际组织活动，形成一批能够在国际合作一线工作的科学家人才。通过参加国际组织活动可以逐渐培养队伍，使得我们选派的人才能比较完整地、系统地参与国际组织的活动，并发挥影响力，维护中国的国家利益，为世界做出贡献。

目前我国在参与极地事务方面，双边务实合作已取得成果，多边层面还有待加强。多边层面相对宏观，框架性议题多，超越具体研究领域的情况比较多，这些问题往往与全球治理结构和社会发展联系更加紧密。中国的参与度相对有限，其中一个重要的原因就是参与人员的素质不高，需要有多学科交叉知识、国际视野和战略思维的科学家代表更多参与。我们在北极理事会的工作组中虽然开始派出了代表，但代表选择缺乏制度保障，知识覆盖面有限，一些科学家也会认为这类国际事务耗费时间和精力太多。据有关管理部门介绍，一些单位对于派送人员素质理解不到位，在知识、观念、视野、层次方面确实有很大的提升空间。另外，在国际组织中虽然有中国代表出席，但还是缺乏一些合适的专家长期稳定地参与。

想要拓展话语权，首先要有人参与，有人跟踪事态发展，进而了解其他国家的代表和人员在做什么，然后将我们的工作和主张体现到国际组织里面去。没有这些过程，就无法实现我们参与国际组织的目标。中国极地研究中心主任杨惠根指出，一些参与全球国际会议的研究者只关心科学问题，不愿意做这些与全球治理相关的重要的"份外的"事。有些人参加重要的国际会议和国际组织议程讨论时，仅仅将自己的论文发表就算完成任务。这些代表既没有设想中国的倡议应当是什么，我们国家该做哪些准备，也没有思考针对他人的倡议该做什么样的回应，似乎这些事与其没有关系。结果就是西方人唱主角并主导倡议。这些情况说明我们的科学家仍存在树立责任心和培养议题设定能力的问题。

中国的科学家要参与到国际科学家组织中并发挥积极作用，需要具备高素质。高素质的人才应包含哪些要素？什么样的科学家适合到国际组织中担任职务？他们应当具备什么样的能力？本书作者曾就此问题向国家极地事务管理部门以及外交部门人士请教，大家的意见比较一致。这些素质要求可以概括为"五项全能"：要拿得了项目，做得了科研，讲得了英语，懂得国际谈判，还要够得上决策层。这与习近平总书记关于培养国际治理人才的说法相一致，同时体现了科学家的知识能力和制度设计能力。拿得了项目说明此类人才对国际极地科考的前沿比较了解，具备了与国际同行平等交流的眼界和问题感知力；做得了科研说明其科学素养和方法论的运用水平高超；讲得了英语反映的是其国际通用语言的掌握水平，保证其思想交流和问题讨论的流畅程度；上得了国际会议反映的是除了外语以外的对国际组织规程、议事方式和资源配置方式的了解和运用，保证其将我们的主张和利益以国际组织接受的方式自然地体现在各种规程和议事过程之中；够得上决策层，反映的是科学家作为中国方面的参与者,对中国国家利益、战略政策框架、决策者思路的理解。目前在我国的科学家队伍中,其自身的科学研究已经达到顶级水平,同时又有很好的协调能力和国际交往能力,能在国际科学家组织发挥作用的科学家并不多。但是随着我们国力和科研、教育能力的整体提升,具备这样素质的科学家也会越来越多。

选拔人才、培训人才以及帮助人才在国际活动中得到锻炼都是培养素质的重要环节。目前,中国科学家参与全球极地治理活动还存在着参与者相对不固定带来的问题,影响了参与者素质的培养和能力提升。在一些重要的极地国家参与活动的人员相对固定。一位专家参与一个国际科学家组织活动可以几十年一以贯之。他不仅知道前因后果,而且资料积累也十分完备,同时还非常熟悉他国参与人员和组织的制度及运行方式,这些对于参与议程设定并获得国际同行的支持都非常重要。如果国家需要更换参与者,前任要将相关资料完整地、系统地交代给继任者,继任者因此能够很快地熟悉情况并投入到国际治理事务之中。我们的情况恰恰相反,经常换人。有的科学家好不容易熟悉了情况和规则就因为各种原因不再参加了,继任者了解情况还来不及,更谈不上影响国际组织议程和拓展国际话语权了。

加强科学家开放交流和社交网络建设,是提升我国通过科学家参与国际组织发挥影响力的重要环节,广交朋友、善交朋友也是参与治理的科学家应有的素质。在国际交流合作中,科学家私人之间的友谊往往会起到意想不到的作用。科学家会自发地通过共同的科研兴趣和相互之间的信任建立起研究网络,实现信息、技术、愿景的共享。这种私人友谊很容易上升到机构之间的合作,进而发展成为国际组织的知识网络。国际合作是通过人与人的交流,机构与机构的合作集合而成的。我们要善于将一些有效的合作从短期关系向长期关系发展,提升我对外合作层次。通过科学家之间的合作,我们可以将其提升为研究机构之间的合作，并发展到国家部门的合作，最终形成国家战略层面的合作。

整体上讲，中国科学家参加国际组织活动并发挥影响力的有利因素在不断增加。其一是中国国力和影响力的增强。中国的综合影响力发展到一个新的阶段，中国在应对全球性挑战中的份量在提升，中国的技术、资金和基础设施建设能力的拥有量，都使得许多国际组织希望中国派人参加国际治理活动。其二是中国科技能力的发展。中国整体科研能力和技术水平的发展，以及中国极地考察能力和极地科学论文的发表能力，使得国际极地科学界认为中国科学家是一支不能忽视的力量。其三是中国海外留学人员的数量以及回国从事科学工作的人员逐年增加，可供培养和选派人员的基数在扩大。他们大多具有很好的国际视野、紧密的国际专业联系以及良好的外语沟通能力。

中国的科研机构应当充分利用这些有利因素，在比较短的时间里，培养出相当数量的优秀科学家，让他们去参与各种国际组织并发挥出应有的作用。可以通过以下方式加快人才的培养：第一，增加科学家开展主场学术外交的机会，通过在中国研究机构举办国际极地研讨会，把国际极地学术网络中和国际组织专家工作组中的起关键性作用的一流科学家请到中国参与研讨，同时了解中国同行的能力，增进其与中国同行间的相互信任；第二，在国家涉极地研究课题中增加国际交流的费用，大力引进专家和鼓励出访，培养我国科学家的国际事务参与能力；第三，对重点研究机构可以设立促进国际交流的考核指标，包括主办高层次的机制性国际会议，开展前沿领域的国际合作，专家级科考人员之间的深度互访，极地科考管理者和组织者国际协调项目等，为国际化人才的培养创造良好条件。

第四节 关于国家支持和研究机构的保障

北极理事会欢迎观察员国在工作组层面做出知识贡献，并在北极理事会的观察员手册中加以明确。中国政府相关部门在推荐专家方面做了大量工作。截止 2016 年，中国已为北极理事会下属工作组的活动推荐了 20 多位专家，在可持续发展、油污染处理、生物多样性等领域派出了自己的专家。在国际海事组织、政府间气候变化专门委员会等机构的活动中都有中国专家参与，一些中国科学家甚至在相关国际科学家组织及其工作组中担任组织者。

但是，由于经费投入不够或未设专项经费，一些专家没有足够的资助来帮助他们持续地参加国际组织活动，大大限制了我国在北极治理中的参与度。另外，一些研究机构和专家个人对参与国际治理也有顾虑，影响了派出最合适人选的机会。因此，国家如何通过建立输送机制和发挥影响力机制来培养人才、选拔人才和使用人才变得至关重要。为此需要建立一个"国家—机构—个人"三者良性互动的机制。中国极地研究中心主任、国际北极科学委员会副主席杨惠根也认为，将国家需要、国际组织需要与专家个人和所在单位动力有机地结合起来，需要"国家—机构—个人"的共同努力。国家应当在政策上给予鼓励，研究机构和个人要从大局上来考虑问题，而研究机构在经费上给予保障。

从研究机构的角度看，需要树立大局意识，提倡奉献精神，在人事制度、考核制度上为这样的人才网开一面。研究机构的制度往往也会形成限制，因为能够参与国际组织活动并能发挥重要影响力的科学家是稀缺人才，既有参与国际极地事务的能力，也有在国内和本单位组织科研的能力，因此引发国家任务和单位任务之间出现矛盾。如果研究机构希望他们以本单位任务为重，大多数科学家也会服从单位的意见。

中国需要有制度上的安排和支撑来确保最合适的人才能参与到国际组织的工作之中。比如，我们在联合国相关机构中的专家长期在海洋治理、气候环境等领域代表中国参与全球治理，在很大程度上也保护了中国在这些领域的权益。这样的专家应当配备专项资金和专业团队，其助手团队应当包括科学助手、法律助手、行政助手和生活助手等。通过这些措施，要形成中国自己参与国际合作可持续的制度性安排。根据专家介绍，一些极地大国很重视团队建设和制度支撑。澳大利亚在向国际科学家组织派遣人员时，采用的是首席科学家制度。以首席科学家为核心，团队内部经常交换想法、信息并形成诉求。团队成员围绕着首席科学家的想法开展工作，制定方案。政府部门和首席科学家团队之间的资源配置和信息交换工作做得很好，值得中国借鉴。承担一些国际组织核心岗位的专家应当是一个灵魂人物，团队要围绕灵魂人物、核心问题不断进行研究，设计议题，反映国家利益和诉求，提出中国倡议和中国方案。核心团队负责科学问题，协同团队要协助处理其他学科以及国际政治、国际法的问题。对一些关键性问题和战略性的议题，要从国家层面进行制度性的协调，保证参与国际治理的任务从人员、经费、组织上都得到落实。

讲到培养科学家，提升中国极地国际治理能力的问题，除了人才储备这个难题外，一些制度成本也成为制约因素。由于出国经费和出国次数的限制，使得我国专家到国际组织中去履行职务受到限制。参与的频率和深度会直接影响到对组织和规则的熟悉程度，进而影响了参与治理的话语权。我们无法一方面鼓励科学家到国际组织任职，拓展发言权，另一方面又严格限制出国次数，让很多人难以出席特定的国际组织的会议。

　　参与国际机制并在其中发挥作用是非常重要的工作，于人类、于国家都是有利的。政府部门以及科学家所在单位要在经费上和待遇上给予保障。对参加国际活动的个人来说，也应当有一个与政府部门之间的"咨询—汇报"机制，确保参与国际活动的持续性、有效性以及专业工作与外交工作的结合度。杨惠根还介绍了挪威极地研究所的经验。挪威极地研究所为鼓励自己的专家参与国际组织专家组的报告撰写和议程设定，采取了为他们放学术假的方式。国际组织工作组往往是阶段性的任务，来自不同国家的科学家群策群力，围绕某一个专门问题出一份分析和建议报告，很可能派出的科学家一年的时间都用于此项工作。挪威极地研究所的经验是，当一个科学家根据需要在北极理事会工作组完成一定周期的工作后，可以享受一年学术假的待遇，可以借此机会到世界任何科研机构去做访问研究。挪威极地研究所的这种安排，让科学家觉得自己尽了义务，也得到了回报。

　　中国极地管理工作的转型有利于提升我国极地科学家的极地科考能力、国际交往能力和参与国际治理的能力。国家的极地考察办公室和中国极地研究中心的工作都处于非常明显的转型期。第一种转型就是从单一的科学考察的保障向国家极地事业的"旗舰"转型，从科考的后勤支撑平台和规划平台向国家极地事业的旗舰转型。"旗舰"这个概念包含着综合与协调的含义，其任务是将国家各个系统的各种资源汇集起来，发挥最大的效应，促进国家极地事业的整体发展。第二种转型是让中国逐渐成长为国际极地科学考察资源的协调枢纽和平台。极地事业是全球的事业，极地科学考察的国际合作是极地国际治理的基础和重要组成部分。

　　我们要学会在创建中国极地优质项目中培养我们的人才和国际领导力。应当有意识地创建我们自己的领先领域和优质项目。在不久的将来，中国的一些项目将成为全球领先的并吸引其他国家科学家参与的国际项目。中国的身份也从普通的参与者变成国际极地重大项目的引领者和协调组织者，这种转变会极大地激发我国科学家的领导力和国际项目组织能力。在我们创建国际合作机制的过程中，在协调资源、建立网络平台和数据库、成果分享的过程中，一大批具有国际水准的科学家队伍就会得到迅速成长。这样的模式要靠科研的积累，要选择优势学科方向有意识地进行培育。不可能一蹴而就，需要从点到线而后由线到面地推进。

能够参与全球治理的科学家人才必须具有国际一流科研能力和国际沟通能力，只有这两种能力高度融合才能发挥最佳效果。在国家的鼓励下，以科研机构为主体开展高层次的国际合作能够帮助这种融合的快速实现。应加大科研投入和重点攻关，并形成庞大的国际研究网络，使更多有潜力的科学家和机构得到提升。开展国际间的联合考察并联合发表科研成果是一个融入国际科学家组织很好的方法。中国科学家在第三次北极科考圆满结束后，专门就海洋化学和生物这一领域与美国几位知名教授开展合作，并在全球权威杂志上联合发表了有影响力的专业论文。中国科学家通过合作不仅与国际同行成为了事业上的朋友，还获得了国际学术界的认可。

从国家角度讲，要努力建设科研水平一流和国际化程度一流的重点研究机构。在打造国际交流高地的同时，形成参与国际治理的人才库。随着中国在极地科学考察方面影响的扩大，利用十年左右的时间，实施极地科学考察国内基地的改造升级，重点强化实验分析、数据处理、多学科综合研究、资料数据共享和国际极地信息交流功能。通过上述规划，进一步提升我国北极科考能力建设，以资金、技术、人才、后勤为保障充分拓展极地科学优势领域，并积极开展与国际科学组织、国外科研机构和科学家团体的学术交流，进一步融入国际极地研究舞台。发挥海洋极地重点实验室的作用，引导科研领域的国际合作，并在人才培养、资源交换和整个平台建设方面发挥稳定和持续的作用。中国政府、各主要研究机构要在明确长远目标的基础上，围绕中国科学家参与北极治理确定阶段性的任务，统筹国际国内两个大局，促进内外关系的良好互动，为人类和平利用北极和保护北极做出更大贡献。

附 录

相关英文略缩语

ABA	Arctic Biodiversity Assessment	北极生物多样性评估
AC	Arctic Council	北极理事会
ACAP	Arctic Contaminants Action Program	北极污染行动计划工作组
ACD	Arctic Coastal Dynamics	北极海岸动力学
ACIA	Arctic Climate Impact Assessment	北极气候影响评估报告
ACSNet	Arctic Climate System Network	北极气候系统网络
AEPS	Arctic Environmental Protection Strategy	北极环境保护战略
AEWA	African-Eurasian Water bird Agreement	非洲—欧亚水鸟协议
AGP	The Arctic Governance Project	北极治理项目
AHDR	Arctic Human Development Report	北极人类发展报告
AMAP	Arctic Monitoring and Assessment Programme	北极监测与评估工作组
AMSA	Arctic Marine Shipping Assessment	北极海上航运评估报告
AMSP	Arctic Marine Strategic Plan	北极海洋战略规划
AOOGG	Arctic Offshore Oil And Gas Guidelines	北极近海油气开发指南
AOSB	The Arctic Ocean Science Board	北极海洋科学委员会
APECS	Association of Polar Early Career Scientists	极地早期职业科学家协会
ASI	Arctic Social Indicators	北极社会指标
ASSW	Arctic Science Summit Week	北极科学高峰周会议

续表

CAFF	Conservation of Arctic Flora and Fauna	北极动植物保护工作组
CBD	Convention on Biological Diversity	生物多样性公约
CLCS	Commission on the Limits of the Continental Shelf	大陆架界限委员会
CliC	Climate and Cryosphere	气候和冰冻圈研究项目
EAAFP	East Asian-Australasian Flyways Partnership	东亚—澳大利亚候鸟迁徙路径合作
EEZ	Exclusive Economic Zone	专属经济区
EIA	Environmental Impact Assessment	环境影响评价
EPB	European Polar Board	欧洲极地理事会
EPPR	Emergency, Prevention, Preparedness and Response	突发事件预防反应工作组
EU	European Union	欧盟
FARO	Forum of Arctic Research Operators	北极研究管理者论坛
FOEI	Friends of the Earth International	国际地球之友
HSEMS	Health Safety and Environment Management System	健康、安全、环境管理体系
IASC	International Arctic Science Committee	国际北极科学委员会
IACS	International Association of Cryospheric Sciences	国际冰冻圈科学协会
ICARP	International Conference on Arctic Research Planning	北极研究计划国际大会
ICASS	The International Congress of Arctic Social Science	国际北极社会科学大会
IASSA	International Arctic Social Sciences Association	国际北极社会科学联合会
ICC	Inuit Circumpolar Council	因纽特人北极圈理事会

ICES	International Council for the Exploration of the Sea	国际海洋考察理事会
ICS	International Chamber of Shipping	国际航运公会
ICSU	International Council for Science	国际科学理事会
IGY	International Geophysical Year	国际地球物理年
IMO	International Maritime Organization	国际海事组织
IPA	International Permafrost Association	国际冻土协会
IPCC	Intergovernmental Panel on Climate Change	政府间气候变化专门委员会
IPF	International Polar Foundation	国际极地基金会
IPPI	International Polar Partnership Initiative	国际极地合作倡议
IPY	International Polar Year	国际极地年
ISAC	International Study of Arctic Change	北极变化国际研究
IUCN	International Union for Conservation of Nature	国际自然保护联盟
IUU	Illegal, Unreported and Unregulated	非法、无报告及不受规范捕捞
MARPOL	International Convention for the Prevention of Pollution from Ships	国际防止船舶造成污染公约
MEPC	Marine Environment Protection Committee	海上环境保护委员会
MSC	The Maritime Safety Committee	海上安全委员会
NAFO	Northwest Atlantic Fisheries Organization	西北大西洋渔业组织
NAG	Network on Arctic Glaciology	北极冰川学网络
NEAFC	The North East Atlantic Fisheries Commission	东北大西洋渔业委员会
NGOs	Non-Governmental Organizations	非政府组织
NOAA	National Oceanic and Atmospheric Administration	美国国家海洋和大气管理局

续表

NySMAC	The Ny-Alesund Science Managers Committee	新奥尔松科学管理者委员会
PAG	Pacific Arctic Group	太平洋北极工作组
PAME	Protection of the Arctic Marine Environment	北极海洋环境保护工作组
PICES	The North Pacific Marine Science Organization	北太平洋海洋科学组织
Polar Code	International Code of safety for ships operating in polar waters	极地水域船舶航行安全规则
PoPs	Persistent Organic Pollutants	持久性有机污染物
SAOs	Senior Arctic Officials	北极理事会高官委员会
SAON	Sustaining Arctic Observing Networks	北极持续观测网
SAR	Search And Rescue	搜救
SCA	Seafood Choices Alliance	海产品选择联盟
SCAAR	Special Committee for Arctic and Antarctic Research	北极和南极研究专门委员会
SCAR	Scientific Committee on Antarctic Research	南极研究科学委员会
SDWG	Sustainable Development Working Group	可持续发展工作组
SFP	Sustainable Fisheries Partnership	可持续渔业伙伴组织
SOLAS	International Convention for the Safety of Life at Sea	国际海上人命安全公约
SWIPA	Snow, Water, Ice and Permafrost in the Arctic	北极的雪、水、冰和动土项目
UNCLOS	Convention United Nations Convention on the Law of the Sea	联合国海洋法公约
UNFCCC	united nations framework convention on climate change	联合国气候变化框架公约
WTO	World Trade Organization	世界贸易组织
WWF	World Wide Fund For Nature	世界自然基金会

参考文献

一、中文著作

（1）［英］安东尼·纪登斯著，黄煜文等译：《气候变迁政治学》，台湾：商州出版，2011 年版。

（2）［英］阿兰·谢里登著，尚志英、许林译：《求真意志——米歇尔·福柯的心路历程》，上海人民出版社，1997 年版。

（3）［美］奥兰·扬著，陈玉刚、薄燕译：《世界事务中的治理》，上海人民出版社，2007 年版。

（4）蔡拓著：《全球化与政治转型》，北京大学出版社，2007 年版。

（5）［英］戴维·赫尔德等著，杨雪冬等译：《全球大变革：全球化时代的政治、经济与文化》，社会科学文献出版社，2001 年版。

（6）［英］戴维·赫尔德、安东尼·麦克格鲁著，曹荣湘等译：《治理全球化：权力、权威与全球治理》，社会科学文献出版社，2004 年版。

（7）［美］大卫·伊斯利、乔恩·克莱因伯格著，李晓明、王卫红、杨韫利译：《网络、群体与市场》，清华大学出版社，2015 年版。

（8）［美］D. B·鲁滨逊著，张艺贝译：《北欧的萨米人》，中国水利水电出版社，2005 年版。

（9）［美］丹尼尔·A·科尔曼著，梅俊杰译：《生态政治：建设一个绿色社会》，上海译文出版社，2006 年版。

（10）黄新华著：《新政治经济学》，上海人民出版社，2008 年版。

（11）林其锬著：《五缘文化论》，上海书店出版社，1994 年版。

（12）［美］玛格丽特·E·凯克、凯瑟琳·辛金克著，韩召颖、孙英丽译：《超越国界的活动家：国际政治中的倡议网络》，北京大学出版社，2009 年版。

（13）［法］米歇尔·福柯著，刘北成，杨远婴译：《规训与惩罚》，北京三联书店，2004 年版。

（14）［英］苏珊·斯特兰奇著，肖宏宇等译：《权力流散：世界经济中的国家与非国家权威》，北京大学出版社，2005 年版。

（15）［英］苏珊·斯特兰奇著，杨宇光等译：《国家与市场——国际政治经济学导论》，经济科学出版社，1990 年版。

（16）曲探宙等编：《北极问题研究》，海洋出版社，2011 年版。

（17）全球治理委员会：《我们的全球之家》，牛津大学出版社，1995 年版。

（18）童世骏著：《批判与实践：论哈贝马斯的批判理论》，三联书店，2007 年版。

（19）王伟光、郑国光主编：《应对气候变化报告（2009）》，社会科学文献出版社，2009 年版。

（20）王逸舟著：《全球政治和中国外交：探寻新的视角与解释》，世界知识出版社，2003 年版。

（21）薛惠锋等著：《钱学森智库思想》，人民出版社，2016年版。

（22）杨剑等著：《北极治理新论》，时事出版社，2014年版。

（23）杨剑著：《数字边疆的权力和财富》，上海人民出版社，2012年版。

（24）杨剑主编：《亚洲国家与北极未来》，时事出版社，2015年4月版。

（25）［美］亚历山大·温特著：《国际政治的社会理论》，秦亚青译，上海人民出版社，2008年版。

（26）周中之、高惠珠著：《经济伦理学》，华东师范大学出版社，2002年版。

二、中文论文

（1）白佳玉："中国北极权益及其实现的合作机制研究"，《学习与探索》2013年第12期。

（2）陈玉刚、陶平国、秦倩："北极理事会与北极国际合作研究"，《国际观察》2011年第4期。

（3）郭培清、孙凯："北极理事会的'努克标准'和中国的北极参与之路"，《世界经济与政治》2013年第12期。

（4）何剑锋："利用区域合作平台深入开展北极科学研究——以太平洋北极工作组为例"，载于杨剑主编：《亚洲国家与北极未来》，时事出版社，2015年版。

（5）何剑锋、吴荣荣、张芳等："北极航道相关海域科学考察研究进展"，《极地研究》2012年第2期。

（6）何俊芳："2002年俄罗斯联邦的民族状况"，《世界民族》2007年第1期。

（7）江忆恩："中国对国际秩序的态度"，《国际政治科学》2005 年第 2 期。

（8）林奇富："论知识与政治权力的相关性"，《长白学刊》2006 年第 1 期。

（9）刘贞晔："非政府组织、全球社团革命与全球公民社会的兴起"，载于黄志雄主编：《国际法视角下的非政府组织：趋势、影响与回应》，中国政法大学出版社，2012 年版。

（10）罗辉："国际非政府组织在全球气候变化治理中的影响——基于认知共同体路径的分析"，《国际关系研究》2013 年第 2 期。

（11）潘家华："国家利益的科学论争与国际政治妥协"，《世界经济与政治》2002 年第 2 期。

（12）佩卡·萨马拉蒂著、周旭芳译："历史上的萨米人与芬兰人"，《世界民族》1999 年第 3 期。

（13）［美］史蒂夫·夏诺维茨："非政府组织与国际法"，载于黄志雄主编：《国际法视角下的非政府组织：趋势、影响与回应》，中国政法大学出版社，2012 年版。

（14）孙凯："认知共同体与全球环境治理"，《中国海洋大学学报》（社会科学版）2010 年第 1 期。

（15）［瑞士］托马斯·博诺尔、莉娜·谢弗："气候变化治理"，《南开学报（哲学社会科学学报)》2011 年第 3 期。

（16）王逸舟："霸权·秩序·规则"，《美国研究》1995 年第 2 期。

（17）习近平："共同构建人类命运共同体"，《人民日报》2017 年 1 月 20 日第二版。

（18）夏立平："北极环境变化对全球安全和中国国家安全的影响"，《世界经济与政治》2011 年第 1 期。

（19）姚冬琴："专访外交部气候变化谈判特别代表高风：开发北极成本高，一定要谨慎"，《中国经济周刊》2013 年第 20 期。

（20）俞可平："治理和全球善治引论"，《马克思主义与现实》1999 年第 5 期。

（21）俞可平："全球治理引论"，《马克思主义与现实》2002 年第 1 期。

（22）张茗："'全球公地'安全治理与中国的选择"，《现代国际关系》2012 年第 5 期。

（23）张侠、屠景芳："北极经济再发现下的国际合作状况研究"，《中国海洋法学评论》2011 年第 2 期。

（24）张侠等："北极地区人口数量、组成与分布"，《世界地理研究》2008 年第 12 期。

（25）中国船级社："国际海事组织船舶设计与设备分委会（DE）第 53 次会议介绍"，《国际海事信息》2010 年 3 期。

三、英文著作与论文

（1）A. Kalland, "Indigenous Knowledge-Local Knowledge：Prospects and Limitations," in B. V. Hansen（ed.）, *AEPS and Indigenous Peoples Knowledge-Report on Seminar on Integration of Indigenous Peoples' Knowledge*. Reykjavik, September 20 – 23, 1994（Copenhagen：AEPS）.

（2）Adler Emanuel. "The Emergence of Cooperation：National Epistemic Communities and the International Evolution of the Idea of Arms Control," *International Organization*, Vol. 46, 1992.

（3）Alexander Shestakov, "Panda at the pole-WWF's vision of future work with the Arctic Council", WWF Global Arctic Programme,

The Circle, 2. 2011.

（4）Andreas Hasenclever, Peter Mayer, and Volker Rittberger, *Theories of International Regimes*, Cambridge Studies in International Relations, 2004.

（5）Andrey N. Petrov, "Indigenous Population of the Russian North in the Post-Soviet Era," *Canadian Studies in Population*, Vol. 35, No. 2, 2008.

（6）Arctic Council, *Arctic Resilience Interim Report* 2013, Stockholm Environment Institute and Stockholm Resilience Center, Stockholm, 2013.

（7）Arthur Stein, "Cooperation and Collaboration: Regimes in an Anarchic World," in David A. Baldwin （ed.）, Neorealism and Neoliberalism: the Contemporary Debate. New York: Columbia University Press, 1993.

（8）Baltic Sea Environmental Cooperation: The Role of Epistemic Communities and the Politics of Regime Change," *Cooperation and Conflict*, 1994, 29（1）.

（9）CAFF, *Action for Arctic Biodiversity: Implementing the recommendations of the Arctic Biodiversity Assessment*, 2013 – 2021 （DRAFT 12 –01 –2015）.

（10）Charles Ebinger, John P. Banks, Alisa Schackmann. "Offshore Oil and Gas Governance in the Arctic A Leadership Role for the U. S. ," *Brookings Policy Brief*, Vol. 14, No. 01, March 2014.

（11）Ernst B. Haas, *When Knowledge is Power: Three Models of Change in International Organizations*, Berkeley: University of California Press, 1990.

（12）Federal'noe Sobranie RF. O Garantiyakh Prav Korennykh

Malochislannykh Narodov Rossiiskoi Frderatsii (On the Guarantees of Rights of the Numerically Small Peoples of the Russian North) . Federal Law adopted on 30. 04. 1999. Moscow.

(13) Frances Abele, "Traditional ecological knowledge in practice," *Arctic* 50 (4), 1997.

(14) Haas, Peter M. , *Saving the Mediterranean: The Politics of International Environmental Cooperation*, Columbia University Press, New York, 1990.

(15) International Work Group for Indigenous Affairs, *The Indigenous World* 2008.

(16) John G. Ruggie, "International Responses to Technology: Concepts and Trends," *International Organization*, Vol. 29, Issue. 3, June 1975.

(17) Joseph S. Nye, Jr. "Nuclear Learning and U. S. -Soviet Security regimes," *International Organization*, Vol. 41, No. 3, Summer 1987.

(18) Judith, Keohane, Robert O. and Goldstein (ed.), *Ideas and Foreign Policy: Beliefs, Institutions, and Political Change*, Ithaca: Cornell University Princeton, 1993.

(19) Kameyama Y, "The IPCC: Its Roles in International Negotiation and Domestic Decision-Making on Climate Change Policies," in Kanie, Norichika and Haas, Peter M. (ed.), *Emerging forces in environmental governance*, Tokyo, New York, Paris, 2004.

(20) Karen T. Litfin, *Ozone Discourses: Science and Politics in Global Environmental Cooperation*, New York: Columbia University Press, 1994.

(21) Knut H. Alfsen and Tora Skodvin, "The Intergovernmental

Panel on Climate Change (IPCC) and Scientific Consensus: How Scientists Come to Say What They Say About Climate Change," *CICERO Policy Note*, 1998: 3.

(22) Mai'a K. Davis Cross, "Rethinking Epistemic Communities Twenty Years Later," *Review of International Studies*, Vol. 39, Issue 01, January 2013.

(23) Mark Evans & Jonathan Davies, "Understanding Policy Transfer: A Multi-Level, Multi-Disciplinary Perspective," *Public Administration*, Vol. 77, No 2, 1999.

(24) Martin Sommerkorn & Susan Joy Hassol, *Arctic Climate Feedbacks: Global Implications*, WWF International Arctic Programme, August, 2009.

(25) Matthew Paterson, David Humphreys, Lloyd Pettiford, "Conceptualizing Global Environmental Governance: From Interstate Regimes to Counter-Hegemonic Struggles," *Global Environmental Politics*, Vol. 3, No. 2, 2003.

(26) McKie Robin, "Greenpeace Fears New Deepwater Disaster", *The Observer*, London, 29 Aug 2010: 16

(27) Nye, J. S. , *Bound to Lead: The Changing Nature of American Power*, New York: Basic Books, 1990.

(28) Oran R. Young and Paul Arthur Berkman, "Governance and Environmental Change in the Arctic Ocean," *Science*, Vol. 324, April 17, 2009.

(29) Oran R. Young, "Informal Arctic Governance Mechanisms: Listening to the Voices of Non-Arctic Ocean Governance," in Oran R. Young (eds.), *The Arctic in World Affairs: A North Pacific Dialogue on Arctic Marine Issues*, KMI Press, 2012.

（30）Oran R. Young, *Governing Complex Systems: Social Capital for the Anthropocene*, Massachusetts: The MIT Press, 2017.

（31）Paul Arthur Berkman（eds）, *Science Diplomacy: Antarctica, Science, and the Governance of International Spaces*, Washington, D. C. Smithsonian Institution Scholarly Press, 2013.

（32）Peter Hass, "Epistemic Communities and International Policy Coordination," *International Organization*, Vol. 46, 1989.

（33）Peter J. Katzenstein, *The Culture of National Security Norms and Identity in World Politics*, New York: Columbia University Press, 1996.

（34）Peter M. Haas & Ernst B. Haas, "Learning to Learn: Improving International Governance," *Global Governance*, Vol. 1, Issue3, Autumn1995.

（35）Peter M. Haas, "Introduction: Epistemic Communities and International Policy Coordination," *International Organization*, Vol. 46, No. 1, Knowledge, Power, and International Policy Coordination. （Winter, 1992）.

（36）Peter M. Hass, "Special Issue on Knowledge, Power and International Policy Coordination," *International Organization*, Vol. 46, No. 1, 1992.

（37）Report of The Arctic Governance Project, *Arctic Governance in an Era of Transformative Change: Critical Questions, Governance Principles, Ways Forward*, 14 April 2010.

（38）Robert Keohan, Joseph S. Nye, Jr（eds.）, *Transnational Relations and World Politics*, Cambridge, MA: Harvard University Press, 1972.

（39）Robert Keohan, Joseph S. Nye, *Power and Interdependence*,

参
考
文
献

275

New York: Harper Collins, 1989.

(40) Robert Keohane and Helen Milner, *Internationalization and Domestic Politics*, Cambridge: Cambridge University Press, 1996.

(41) Roger Pielke, Jr. , *Climate Politics. The Climate Fix: What Scientists and Politicians Won't Tell You About Global Warming*, New York: Basic Books, 2010.

(42) Ronnie Hjorth, "Communities and the Politics of Regime Change

Baltic Sea Environmental Cooperation: The Role of Epistemic Communities and the Politics of Regime Change," *Cooperation and Conflict*, 1994, 29 (1) .

(43) Rosneft, "Exxon sign environmental protection declaration for Arctic shelf development," *Interfax: Russia & CIS Business and Financial Newswire*, December 12, 2012.

(44) Ruiggie, "Multilateralism: the Anatomy of An Institution," *International Organization*, Vol. 46, No. 3.

(45) Russell Hardin, *Collective Action*, Baltimore: The Johns Hopkins University Press, 1982.

(46) Sonja Boehmer Christiansen, "Britain and the International Panel on Climate Change: The Impacts of Scientific Advice on Global Warming Part I: Integrated Policy Analysis and the Global Dimension," *Environmental Politics*, Vol. 4, No. 1, 1995.

(47) Stephen H. Schneider, "Don't be all environmental changes will be beneficial," *APS News Online*, August-September 1996.

(48) Stephen Krasner, "Structural Causes and Regime Consequences: Regimes As Intervening Variables," *International Organization*, Vol. 36, 1982.

（49） Timo Koivurova, and Erik J. Molenaar: *International Governance and Regulation of the Marine Arctic*, WWF International Arctic Programme, 2009.

（50） World Economic Forum Global Agenda Council, *Demystifying the Arctic*, January 2014.

（51） WWF, Government Needs to Reconcile Green Ambitions with Arctic Oil Exploration M2 Press wire, COMTEX News Network, Inc. , 2012 Oct 17.

（52） WWF, *Drilling for Oil in the Arctic: Too Soon, Too Risky*, December 1, 2010.

（53） WWF, *Effects of climate change on polar bears, Effects of climate change on arctic vegetation, Effects of climate change on arctic fish*, WWF-Norway, WWF International Arctic Programme, 2008.

（54） WWF, "Global Arctic Programme: A global response to a global challenge", *WWF Factsheet*, Jan, 2012.

四、网络、报纸资料

（1） "A Circumpolar Inuit Declaration on Resource Development Principles in Inuit Nunaat," （ICC 2011） Inuit Circumpolar Council, 2011, （https://www. itk. ca/sites/default/files/Declaration% 20on% 20Resource% 20Development% 20A3% 20FINAL% 5B1% 5D. pdf）

（2） 北极理事会网站: Arctic Council, *Arctic Offshore Oil And Gas Guidelines* 2009, http://www. arctic-council. org/index. php/en/document-archive/category/233 - 3 - energy? download = 861: arctic-offshore-oil-gas-guidelines［accessed at: January 12, 2014］.

（3） 北极理事会网站: *Declaration on the Protection of the Arctic*

Environment. Ministerial Meeting, http：//www. arctic-council. org

（4）北极理事会网站：AMAP, *Arctic Ocean Acidification* 2013：
An Overview, Oslo, 2014. http：//www. arctic-council. org/index. php/
en/document-archive/category/425 － main-documents-from-kiruna-
ministerial-meeting

（5）北极理事会网站：http：//arctic-council. org/eppr/wp-
content/uploads/2010/04/EDOCS－3877－v1－2016_ 03_ 16_ EPPR
_ Strategic_ Plan_ Final. pdf

（6）北极理事会网站：https：//www. arctic-council. org/
index. php/en/our-work2/8－news-and-events/454－pekka-interview

（7）北极理事会网站：http：//www. arctic-council. org/
index. php/en/about-us/working-groups/acap

（8）北极理事会网站：https：//arctic-council. org/index. php/
en/about-us/working-groups/sdwg

（9）北极研究行动者论坛网站：http：//faro-arctic. org

（10）北极监测与评估工作组网站：AMAP, *SWIPA* 2011
Executive Summary：Snow, Water, Ice and Permafrost in the Arctic,
2011. http：//www. amap. no/swipa/.

（11）北极监测与评估工作组网站：http：//www. amap. no/
documents/doc/impacts-of-a-warming-arctic－2004/786

（12）北极监测与评估工作组网站：http：//www. amap. no/
about/the-amap-programme/amaps-priority-issues.

（13）北极监测与评估工作组网站：AMAP, *Arctic Ocean
Acidification* 2013：*An Overview*, Oslo, 2014.

（14）北极持续观测网 https：//www. arcticobserving. org/

（15）Gail Fondahl & Stephanie Irlbacher-Fox, " Indigenous
Governance in the Arctic," *A Report for the Arctic Governance Project*,

November 2009. http：//www. arcticgovernance. org/indigenous-governa-nce-in-the-arctic. 4667323 – 142902. html

（16）国际海洋考察理事会网站，ICES，*Convention for The International Council for the Exploration of the Sea*，1964. http：//www. ices. dk/explore-us/who-we-are/Documents/ICES ＿ Convention ＿ 1964. pdf

（17）国际海洋考察理事会网站，ICES，Who We Are，http：//www. ices. dk/explore-us/who-we-are/Pages/Who-we-are. aspx.

（18）国际海洋考察理事会网站，ICES，Follow Our Advisory Process， http：//www. ices. dk/community/advisory-process/Pages/default. aspx.

（19）国际海洋考察理事会网站，ICES，*ICES Strategic Plan* 2014 – 2018，http：//ipaper. ipapercms. dk/ICESPublications/Strategic-Plan/ICESStrategicPlan20142018/

（20）国际海洋考察理事会网站，ICES，http：//www. ices. dk/explore-us/who-we-are/Documents/ICES＿ Convention＿ 1964. pdf

（21）国际北极科学委员会网站，http：//www. iasc. info/home/groups/working-groups/marineaosb/scientific-foci

（22）国际科学理事会网站：http：//www. icsu. org/events/interdisciplinary-body-events/ipy – 2012 – from-knowledge-to-action-conference

（23）国际科学理事会网站：https：//www. icsu. org/about-us/a-brief-history

（24）加拿大统计局：Aboriginal identity population，by province and territory， http：//www. statcan. gc. ca/tables-tableaux/sum-som/l01/cst01/demo60a-eng. htm.

（25）联合国网站：http：//esango. un. org

（26）绿色和平组织网站，http：//www. greenpeace. org/china/zh/news/releases/climate-energy/2011/06/kumi-naidoo-boards-arctic-oil-rig/

（27）*International Scientists Urge Arctic Leaders: Protect Fisheries in the Central Arctic Ocean.* http：//www. pewtrusts. org/en/projects/arctic-ocean-international/solutions/2000 – scientists-urge-protection.

（28）Joan Nymand Larsen & Gail Fondahl（eds. ），*Arctic Human Development Report: Regional Process and Global Linkage*，2014，p. 53. http：//norden. diva-portal. org/smash/get/diva2：788965/FULL TEXT01. pdf.

（29）*Meeting on High Seas Fisheries in the Central Arctic Ocean: Chairman's statement*，Washington D. C. ，U. S. ，19 – 21 April 2015. https：//www. afsc. noaa. gov/Arctic _ fish _ stocks _ fourth _ meeting/pdfs/Chairman's_ Statement_ from_ Washington_ Meeting_ April_ 2016 – 2. pdf.

（30）Oceans North International，*Support an International Arctic Fisheries Agreement*， http：//www. oceansnorth. org/arctic-fisheries-letter.

（31）欧盟网站，European Commission，*Directorate-General for Maritime Affairs and Fisheries，TAC's and quotas*，http：//ec. europa. eu/fisheries/cfp/fishing_ rules/tacs/index_ en. htm.

（32）Scott Highleyman，*Negotiations for a Central Arctic Fisheries Accord Advance*，December 15，2016. http：//www. pewtrusts. org/en/research-and-analysis/analysis/2016/12/15/negotiations-for-a-central-arctic-fisheries-accord-advance

（33）The Joint Norwegian-Russian Fisheries Commission，*Quotas*，http：//www. jointfish. com/eng/STATISTICS/QUOTAS

（34）太平洋北极工作组网站，https：//pag. arcticportal. org

（35）"未来地球计划"中国委员会网站：http：//cnc-fe. cast. org. cn/

（36）西北大西洋渔业组织网站，NAFO，*Activities*，http：// www. nafo. int/about/frames/activities. html； NEAFC， Management Measures http：//www. neafc. org/managing_ fisheries/measures.

（37）新华社，2011 年 6 月 21 日，http：//news. xinhuanet. com/politics/2011 - 06/21/c_ 121566059. htm。

（38）政府间气候变化委员会网站：https：//www. ipcc. ch/ publications_ and_ data/ar4/wg1/zh/spmsspm - 6. html

（39）政府间气候变化委员会网站：https：//www. ipcc. ch/ pdf/assessment-report/ar4/syr/ar4_ syr_ cn. pdf

（40）中国环保在线网：http：//www. hbzhan. com/news/ Detail/12290. html

（41）中国气候变化信息网：《北极气候变化引起的政治角逐》，http：//www. ccchina. gov. cn/Detail. aspx？newsId = 40378&TId = 58.

（42）中国气象局网站：http：//www. cma. gov. cn/2011xwzx/ 2011xqxxw/2011xqxyw/201309/t20130926_ 227193. html.

（43）中国社科院网站：http：//www. cas. cn/xw/zyxw/yw/ 201409/t20140903_ 4196799. shtml

后　记

当科学家背负着人类共同的期待，在极地的冰天雪地中艰苦工作时，在重要的国际论坛上大声呼吁的时候，社会其他成员应不忘他们的贡献。有诗曰："你站在桥上看风景，看风景的人在楼上看你。"作为一个社会科学研究者，我们在考察北极治理的过程中，不由自主地将这些科学探索者作为研究对象，去考察他们的社会角色。他们不仅是科学知识的贡献者，同时也是国际治理制度变迁的方向指引者。本书作者希望通过北极事务的案例分析，探索科学家在全球治理中的特殊作用。

本书的研究过程先后得到了"国家自然科学基金委员会"的资助（项目批准号 41240037）和国家海洋局极地考察办公室政策研究课题资助。

研究过程需要进行大量的访谈，这里要特别感谢国家海洋局极地办、外交部条法司等政府部门的大力支持，感谢贾桂德、马新民、高风、苟海波、石午虹、王晨、刘洋、杨晓宁、秦为稼、曲探宙、杨惠根、吴军、翁立新、徐世杰、陈丹红、孙波、李院生、张侠、何剑锋、孙立广、华薇娜等各位领导和专家对本书写作的指导。

本书是团队合作的结晶。团队成员分别来自上海国际问题研究院、中国极地研究中心、南京大学、中国海洋大学、上海社会科学院，他们分别是杨剑、于宏源、张沛、赵隆、孙凯、单琰焱、邓贝西、罗辉、张幸等研究人员。上海国际问题研究院的钱宗旗、郑英琴、刘欣、徐璐琳等同志帮助完成了本书的校对工作。

章节分工如下：

第一章，杨剑；

第二章，杨剑、罗辉；

第三章，杨剑、张幸；

第四章，杨剑；

第五章，杨剑、孙凯、单琰焱、张沛、赵隆、于宏源、邓贝西；

第六章，于宏源；

第七章，杨剑。

上海国际问题研究院行政团队和科辅团队具有一流的工作效率，感谢他们为本书的写作以及相关活动的开展提供了良好的环境。

感谢时事出版社苏绣芳副社长持续多年的鼓励，使得我们的北极研究系列书籍得以出版，其中包括《北极治理新论》《亚洲国家与北极未来》《北极治理范式研究》《俄罗斯北极战略与"冰上丝绸之路"》等专著。在此也特别感谢责任编辑杨玉秀认真的审阅和修改建议。

杨　剑

2017 年 10 月 20 日

图书在版编目（CIP）数据

科学家与全球治理：基于北极事务案例的分析/杨剑等著.
—北京：时事出版社，2018.5
ISBN 978-7-5195-0187-7

Ⅰ.①科…　Ⅱ.①杨…　Ⅲ.①北极—政治地理学—
研究　Ⅳ.①P941.62

中国版本图书馆 CIP 数据核字（2018）第 040282 号

出 版 发 行：时事出版社
地　　　址：北京市海淀区万寿寺甲 2 号
邮　　　编：100081
发 行 热 线：（010）88547590　88547591
读者服务部：（010）88547595
传　　　真：（010）88547592
电 子 邮 箱：shishichubanshe@sina.com
网　　　址：www.shishishe.com
印　　　刷：北京朝阳印刷厂有限责任公司

开本：787×1092　1/16　印张：18.25　字数：228 千字
2018 年 5 月第 1 版　2018 年 5 月第 1 次印刷
定价：96.00 元
（如有印装质量问题，请与本社发行部联系调换）